口蹄疫及其转基因植物疫苗

王宝琴 著

科学出版社
北京

内 容 简 介

本书分上、下两篇。上篇为概述，内容为口蹄疫病毒基因组基本结构及其分子生物学特征、口蹄疫疫苗研究进展、植物反应器生产医用蛋白的研究进展及口蹄疫转基因植物疫苗的研究等；下篇为实验操作，内容为口蹄疫病毒 Akesu/O/58 毒株的结构基因 VP1 和 P1 的克隆及分析、植物双元表达载体的构建、根癌农杆菌介导的 VP1 基因在烟草中的转化与表达、VP1 基因在两种豆科牧草中的转化与转基因植株的获得、FMDV VP1 转基因烟草对 Balb/C 小鼠免疫效果的观察，并对口蹄疫转基因植物疫苗的研究进行了总结与展望。书中以插图的形式呈现了基因的克隆、载体构建、转基因植株筛选、移栽、动物免疫试验等结果，书后还附有常用的英文缩略语、口蹄疫病毒基因序列等。

本书从口蹄疫病毒结构基因的选择，植物双元表达载体构建到转基因烟草和牧草的获得，以及对小鼠免疫保护试验等方面系统地介绍了植物反应器作为可饲化疫苗的实际操作技术和可行性，并从目的基因选择、转化方法、受体植物、免疫效果等方面对口蹄疫转基因植物疫苗的发展进行了总结和展望。

本书可作为高校和科研单位，以及从事新型疫苗研究的畜牧兽医学、生物学等专业人员的参考书。

图书在版编目（CIP）数据

口蹄疫及其转基因植物疫苗 / 王宝琴著 .—北京：科学出版社，2018.12

ISBN 978-7-03-059495-2

Ⅰ. ①口… Ⅱ. ①王… Ⅲ. ①转基因植物 - 应用 - 动物病毒病 - 口蹄疫 - 免疫 - 研究 Ⅳ. ① S855.3

中国版本图书馆 CIP 数据核字（2018）第 256611 号

责任编辑：席 慧 刘 晶 / 责任校对：彭 涛

责任印制：张 伟 / 封面设计：迷底书装

科 学 出 版 社 出版

北京东黄城根北街16号

邮政编码：100717

http://www.sciencep.com

北京中石油彩色印刷有限责任公司 印刷

科学出版社发行 各地新华书店经销

*

2018 年 12 月第 一 版 开本：720 × 1000 1/16

2018 年 12 月第一次印刷 印张：9 3/4

字数：195 000

定价：68.00 元

（如有印装质量问题，我社负责调换）

前　言

口蹄疫在世界分布很广，在我国也流行多年，对国家造成过严重的经济损失和不良的政治影响，危害相当严重。该病是世界各国广泛研究和防制的重点。我国主要以免疫预防为主。高质量、安全有效的口蹄疫疫苗的研制和不断改进，不仅是决定疫苗免疫效果的关键，也是成功预防、控制直至最终消灭口蹄疫的先决条件。免疫控制政策的核心是疫苗，口蹄疫疫苗的研究经历了三个发展阶段，即弱毒疫苗、灭活疫苗和新型疫苗阶段。

1992 年科学家首先提出用转基因植物生产医用疫苗的新思路，20 多年来，利用转基因植物生产基因工程疫苗的研究已取得了重要进展，基因工程和生物技术的发展也为利用植物生物反应器生产基因工程药物提供了理论基础和技术支持。口蹄疫转基因植物疫苗的研究从 20 世纪末开始，分别以模式植物拟南芥、烟草，粮食作物玉米、水稻、马铃薯，豆科植物百脉根、苜蓿、大豆，以及热带牧草柱花草等为受体，进行了不同血清型口蹄疫病毒的结构基因 VP1、P1、P12A-3C、多抗原表位基因组合等的遗传转化，国内、外开展了大量关于口蹄疫转基因植物疫苗方面的研究。

新型口蹄疫疫苗中，植物反应器生产的可饲化疫苗不仅克服了灭活疫苗存在的弊端，而且具有生产成本低、贮存和运输不需要特殊的冷链系统、使用方便等优点，成为新型疫苗研究的热点。本书以口蹄疫为例，就目前转基因植物疫苗研究的基本流程，转基因植物疫苗、抗体、活性多肽等医用蛋白的研究现状及其生物安全性评价等方面进行了概述。

本书分为两篇，上篇内容主要对口蹄疫及其流行情况、口蹄疫病毒基因组结构及其分子生物学特征、口蹄疫疫苗的研究进展、口蹄疫转基因植物疫苗的研究等内容进行概述。下篇内容涉及 O 型口蹄疫阿克苏（Akesu/O/58）株病毒结构基因的克隆、植物转化和免疫效果检测等实验技能，具有较强的实用性和可操作性。

本书编写过程中，在收集国内外相关文献资料的基础上，结合多年教学和从事的口蹄疫转基因植物疫苗方面的科学研究经验，使编写内容更加充实、详尽、可靠，力求反映口蹄疫植物疫苗研究的最新研究动态及发展水平。但由于文献浩瀚，加之受主客观条件的限制，无法面面俱到，书中还有许多不尽如人意之处，敬请广大读者批评指正。

著　者

2018 年 9 月

目　录

上篇 概述

上篇主要对口蹄疫及其流行情况、口蹄疫病毒基因组基本结构及其分子生物学特征、口蹄疫疫苗的研究进展、口蹄疫转基因植物疫苗的研究等内容进行概述。在进行口蹄疫病毒多血清型与亚型、血清型之间无交叉保护、病毒变异、各类口蹄疫疫苗的特点、转基因植物疫苗等研究基础上，旨在针对口蹄疫转基因植物疫苗的研制现状，探讨存在的问题和后期展望。

1　口蹄疫病毒基因组基本结构及其分子生物学特征

口蹄疫病毒目前可分为：O、A、C 型（称欧洲型），SAT Ⅰ、SAT Ⅱ、SAT Ⅲ型（南非Ⅰ、南非Ⅱ、南非Ⅲ型，称非洲型），Asia Ⅰ（称亚洲Ⅰ型），共 7 个血清型、70 多个亚型。划分同一血清型的口蹄疫病毒株目前普遍采用基因型。口蹄疫病毒相关基因的核酸和氨基酸序列分析广泛应用在病毒分类、流行病学调查、病毒遗传进化关系、疫苗研制和疫病防控等方面。因此，口蹄疫病毒基因组的基本结构及其分子生物学特征方面的研究有非常重要的作用和意义。

1.1　口蹄疫概述

口蹄疫（foot-and-mouth disease, FMD）是由口蹄疫病毒（foot-and-mouth disease virus, FMDV）引起的偶蹄动物的一种急性、热性、高度接触性传染病，70 多种家畜及野生动物都可感染该病，最易感的动物有牛、猪、羊、骆驼、鹿等[1]。该病传播途径多、传播速度快，曾经多次在世界范围内发生大规模流行，所以世界动物卫生组织（International Office of Epizootics，IOE，也称国际兽疫局）将 FMD 列在 A 类家畜传染病之首，素有“政治经济病”之称[2]。该病的发病率高达 100%，但病程一般呈良性经过，大部分成年家畜可以康复，死亡率只有 2%～3%，犊牛及仔猪和恶性病例，死亡率可达 50%～70%。发病动物的主要症状是精神沉郁、流涎、跛行、卧地，近查可见口、鼻、蹄和母畜乳头等无毛部位发生水泡，或水泡破损后形成的溃疡或斑痂。幼畜则经常不见症状而猝死，死亡率因病毒株而异，严重时可达 100%。除动物死亡造成直接经济损失外，动物在患病期间肉和乳生产下降或停止、种用价值丧失等都造成较大的损失。该病的流行常导致该地区甚至该国家的畜产品进出口贸易停止，造成巨大的经济损失和政治影响[3]。FMD 病毒也可感染人，但病例很少，表现轻微。

人类与 FMD 的斗争已有上百年的历史，但至今该病尚未在全球范围内得到控制和消灭。FMD 之所以难以控制和消灭并受到国内外广泛关注，是由该病的特点决定的。第一，FMD 的易感动物种类繁多，且重要经济畜种，如猪、牛、羊都易感，而人类动物源性食品绝大部分是这些畜种提供的，因易感动物的经济价值较高，防疫时扑杀病畜阻力大，政府的补偿费用很大，致使发展中国家的 FMD 防制政策难以推进。第二，FMD 病原变异性极强，有 7 个血清型，型间不能交叉免疫，免疫防制等于面对 7 种不同的传染病；同型内不同病毒株的抗原性也有不同，而新毒株又不断出现，每出现一次新毒株，疫情就出现一次新高潮。第三，FMD 病毒的感染性和致病力特别强，牛只要吸入 10 个感染单位就可发病；而病畜的排毒量又特别大，如病猪每天仅从呼吸道排出的病毒就高达 10^8 个感染单位。第四，FMD 有多种传播方式和感染途径，不但可通过与病畜接触传播，还可通过含病毒空气传播，气象条件合适时，病毒可向下风方向传播几十甚至上百千米的距离。第五，FMD 的潜伏期短，发病急，动物感染病毒后最快十几小时就可发病排毒。第六，与其他动物病毒相比，动物机体对 FMD 病毒的免疫应答程度较低。免疫注射动物，甚至发病后康复动物，再次受到同源病毒攻击时只能保持不再发病，其免疫系统不能完全阻断病毒感染。FMD 的上述特点给该病的控制与消灭增加了难度[4]。

2012 年，国务院办公厅印发了《国家中长期动物疫病防治规划（2012—2020 年）》，将口蹄疫列为优先防制病种之一。科学、客观地研究判断我国口蹄疫的流行形势，采取积极有效的防控措施，是实现规划目标的重要环节[5]。

1.2　口蹄疫流行概况

FMD 很可能不是一种很古老的疫病，因为对该病第一次较为确切的记载出现于 1514 年。其历史情况见 FMD 大事记[4~28]（表 1.1）。

表 1.1　FMD 大事记

年代	主要事件	参考文献
1514	意大利学者比较详细地记述了类似 FMD 的牛病	Henning MW, 1956
1834	美国 3 名兽医故意饮用了 FMD 病牛的生牛奶后致病。这可能是人感染口蹄疫的最早记载	Prempeh H et al., 2001
1895	德国组建了世界上第一个 FMD 研究组	Brown Fr, 2003
1897	德国 Greisswald 大学卫生学研究所 Loeffler 教授和 Frosch 证实了 FMD 是由一种比细菌小的滤过性传染因子引起的	Loeffler F et al. 1897
1898	Loeffler 教授和 Frosch 认为 FMD 是一种病毒引起的，它就是第一个被发现的动物病毒	Loeffler F et al., 1897
1901	Penberthy 提出 FMD 可通过空气传播	Penberthy F, 1901
1909	德国在 Insel Reims 建立了 FMD 研究所	Brooksby JB, 1982
1920	德国学者 Waldmann 与 Pape 发现豚鼠可作为 FMD 的试验动物，为病毒定型提供了条件	Waldmann O et al.,1920
1922	法国学者 Vallee 和 Carre 发现了 FMD 病毒两个血清型 O 型和 A 型	Vallee H et al., 1922
1924	英国在 Pirbright 设立 FMD 研究所	Brooksby JB, 1982

续表

年代	主要事件	参考文献
1924	1924 年，由欧洲的几个国家发起组建 OIE，地址在巴黎，下设 FMD 防制委员会	Brooksby JB, 1982
1925	英国农业部设立 FMD 研究委员会	Brooksby JB, 1982
1925	Vallee 等采集了感染牛的水泡液，甲醛灭活，首次制成了 FMD 灭活疫苗	Vallee H et al., 1925
1925	丹麦在 Lindholm 建立 FMD 研究所，同期法国在 Alfort、意大利在 Brescia 正式研究 FMD	Brooksby JB, 1982
1926～1929	Belin 及其同事第一个用 FMD 发病牛舌皮组织病料制造 FMD 甲醛灭活苗	Belin M, 1927
1926	德国学者 Waldmann 和 Trautwein 发现了第三个血清型 C 型	Waldmann O et al.,1926
1927	Bedson 从 A 型病毒中鉴定出两个不同毒株，可认为最先发现了亚型	Bedson SP et al., 1927
1929	美国发生 FMD	Brooksby JB,1982
1935	荷兰学者 Frenkel 在试管内用牛、羊、猪的胚胎皮肤，通过鸡血浆固定组织块的细胞培养方法来培养口蹄疫病毒获得成功	Frenkel HS, 1950
1937	Waldmann 和 Kobe 成功研制出第一个铝胶甲醛灭活疫苗	Waldmann O et al.,1937
1946	Traub 和 Mohlmann 用补体结合实验发现 A 型有 4 个不同的毒株	Brooksby JB, 1982
1947	Frenkel 在牛舌上皮细胞增殖 FMD 获得成功	Frenkel HS et al., 1947
1948	英国 Pribright 学者 Brooksby 和 Galloway 等发现 SAT Ⅰ型、SAT Ⅱ型和 SAT Ⅲ型，但这些病毒分离自 1931～1937 年	Brooksby JB, 1982
1951	Skinner 发现 7 日龄内乳鼠对 FMD 病毒的敏感性与牛相同，从此开始用乳鼠滴定 FMD 病毒	Skinner HH, 1951
1951	泛美 FMD 中心（PAFMDC）在巴西的里约热内卢建立	Blood B et al., 1951
1954	英国学者 Brooksby 发现了亚洲Ⅰ型（Asia Ⅰ）	Brooksby JB et al., 1957
1954	美国在梅岛建立了 FMD 的研究机构	Brooksby JB, 1982
1958	Bachrach、Breese、Bradish 等（1960）首次在电镜下发现，FMD 病毒与脊髓灰质炎病毒的形态相似	Bradish CJ et al., 1960
1959	巴西的 Van Bekkum 等首次从临床健康牛 O/P 液中分离到了 FMD 病毒	Van Bekkum JG et al., 1959
1959	Brown 和 Crick 首先用 AEI 灭活病毒制造疫苗	Brown F et al., 1959
1959	Mowat 等发现，可用 BHK 细胞系培养 FMD 病毒	Mowat GN et al., 1962

续表

年代	主要事件	参考文献
1962	英国的 Capstick、法国的 Guillotean 等报道了应用 BHK_{21} 细胞深层悬浮培养法制备 FMD 疫苗的基本方法	Capstick PB et al., 1962
1964	欧共体 FMD 防制委员会决定欧洲国家不得使用 FMD 弱毒疫苗	Brooksby JB, 1982
1965	Stumoller 进一步用实验肯定了 FMD 病毒持续性感染的事实	Brooksby JB, 1982
1965	Hyslop 证实在已感染牛的周围 FMD 病毒以气溶胶的形式大量存在，而且健康牛也能被人工气溶胶病毒感染	Hyslop NG, 1965
1966	Cowan 等发现病毒粒子的许多蛋白质表现 RNA 聚合酶活性。该酶的提出非常重要，因为它是病毒成熟的必需成分，检测酶可以区分自然感染和免疫动物	Cowan KM et al., 1966
1968	在 19 届世界 FMD 大会上，Brooksby 提出用补反实验定 FMD 亚型的方法	第 19 次 FMD 国际会议
1975	泛美 FMD 中心 Bahnemann 首先采用 BEI 灭活 FMD 病毒造苗	Brooksby JB, 1982
1979	OIE 第 30 届大会规定使用 FMD 弱毒疫苗的国家只可向活疫苗免疫国家出口 FMD 易感动物	Brooksby JB, 1982
20 世纪 80 年代末	第一个 FMD 基因工程亚单位疫苗雏形在美国梅岛问世；亚型鉴定不再进行，进而采用 *r* 值测定流行毒与疫苗毒的抗原关系	Kleid DG et al., 1981
1989	Acharya 等用 X 射线结晶体衍射分析发现了 FMD 病毒粒子的立体结构	Acharya R et al., 1989
1990	O 型泛亚毒株在印度发生	OIE/FAO World Reference Laboratory for Foot and Mouth Disease CUMULATIVE REPORT FOR JANUARY-DECEMBER, 1991
1994	证明 FMD 病毒本身含有 1 分子的 RNA 聚合酶	Newman JF et al.,1994
1994	东南亚 FMD 防控协调小组成立	Brooksby JB, 1982
1999	中国发生泛亚毒株疫情	OIE/FAO World Reference Laboratory for Foot and Mouth Disease CUMULATIVE REPORT FOR JANUARY-DECEMBER, 2000
2000	日本、韩国、蒙古、俄罗斯远东发生泛亚毒株疫情	OIE/FAO World Reference Laboratory for Foot and Mouth Disease CUMULATIVE REPORT FOR JANUARY-DECEMBER , 2001

续表

年代	主要事件	参考文献
2001	泛亚毒株在西欧流行	OIE/FAO World Reference Laboratory for Foot and Mouth Disease CUMULATIVE REPORT FOR JANUARY-DECEMBER, 2002
2003	FMDV 在阿富汗流行	Schumann KR et al., 2008
2005	新型 A 型 FMDV 的亚型 A/IRN/2005 穿过伊朗，向西蔓延到沙特阿拉伯、土耳其，2007 年到达约旦	Klein J et al., 2007
2009	A-Iran-O 5 新株在中东流行	Knowles NJ et al., 2009
2010～2011	FMDV 在日本、韩国、朝鲜等国家流行	Muroga N et al., 2012 Park JH et al., 2013
2011	中东地区 O 型 PanAsia-2 在欧洲的保加利亚引发疫情	Alexandrov T et al., 2013
2012	SAT Ⅱ 型在北非埃及、利比亚等国家强势流行	Kandeil A et al., 2013
2013	南亚 Ind-2001 毒株在北非利比亚等国家引发疫情	Valdazo-Gonzalez B et al., 2014
2014	O 型、A 型、Asia Ⅰ 型在中东地区流行	Reid SM et al., 2014

1.3　口蹄疫病毒分类及结构

1996 年以前，FMDV 是小 RNA 病毒科（Picornaviridae）口蹄疫病毒属（Aphthovirus）中的唯一成员，但因Ⅰ型马鼻炎病毒和 FMD 病毒具有类似的基因组结构，1996 年起也被划分到该属。FMD 病毒呈球形，无囊膜，粒子直径 28～30 nm。口蹄疫病毒的衣壳是二十面体，由 4 种结构蛋白（VP1～VP4）组成的 60 个不对称亚单位构成。FMD 病毒粒子结晶衍射外形呈球形，衣壳表面相对平滑，不同于其他小 RNA 病毒，如脊髓灰质炎病毒（poliovirus）、脑心肌炎病毒（EMCV）和人鼻病毒（HRV14），有明显的沟（pit）或谷（canyon）。

到目前为止，已发现有：O、A、C 型（称欧洲型），SAT Ⅰ、SAT Ⅱ、SAT Ⅲ型（南非Ⅰ、南非Ⅱ、南非Ⅲ型，称非洲型），Asia Ⅰ（称亚洲 Ⅰ 型），共 7 个血清型、70 多个亚型。7 个血清型根据核苷酸序列同源性大小分为两群：O、A、C 和 Asia Ⅰ为第一群，SAT Ⅰ、SAT Ⅱ、SAT Ⅲ型为第二群。同一群内各型同源性达 60%～70%，但两群之间的同源性为 25%～40%，各血清型之间无血清交叉保护反应和交叉免疫现象；即使在同一血清型内，不同病毒的抗原亦有变化[29～32]。这给口蹄疫防制和消灭带来了一系列艰巨而复杂的困难。

划分同一血清型的 FMD 病毒株目前普遍采用基因型。将同源性大于 85% 的病毒株划分为同一基因型，大于 90% 的病毒株划分为同一基因亚型，大于 95% 的病毒株划为遗传关系高度密切的同一基因亚型。系统发育树能明确反映各毒株之间的亲缘关系、某一毒株经若干年后的遗传变异如何、它的起源等重要的流行病学资料，还能反映具有明显遗传关联和地域特征的进化分支——拓扑型（topotype）。对于新出现的毒株，通过比较就可以快速确定其所处地位，选择与之亲缘关系密切的疫苗株。经过不断地完善和填补，现已建立了 FMD 病毒各血清型的系统发育树，划分了病毒株的拓扑型[4]。

Knowles 等[32,33]根据 FMDV 基因及不同地理区域的遗传进化关系，将 O 型 FMDV 分为 8 个拓扑型，分别命名为：中国型（Cathay）、中东南亚型（ME-SA）、东南亚型（SEA）、欧洲南美型（Euro-SA）、印度尼西亚-1 型（ISA-1）、印度尼西亚-2 型（ISA-2）、东非型（EA）和西非型（WA）。近年来分离到的病毒绝大多数属于 ME-SA 拓扑型中的泛亚拓扑型（图 1.1）。

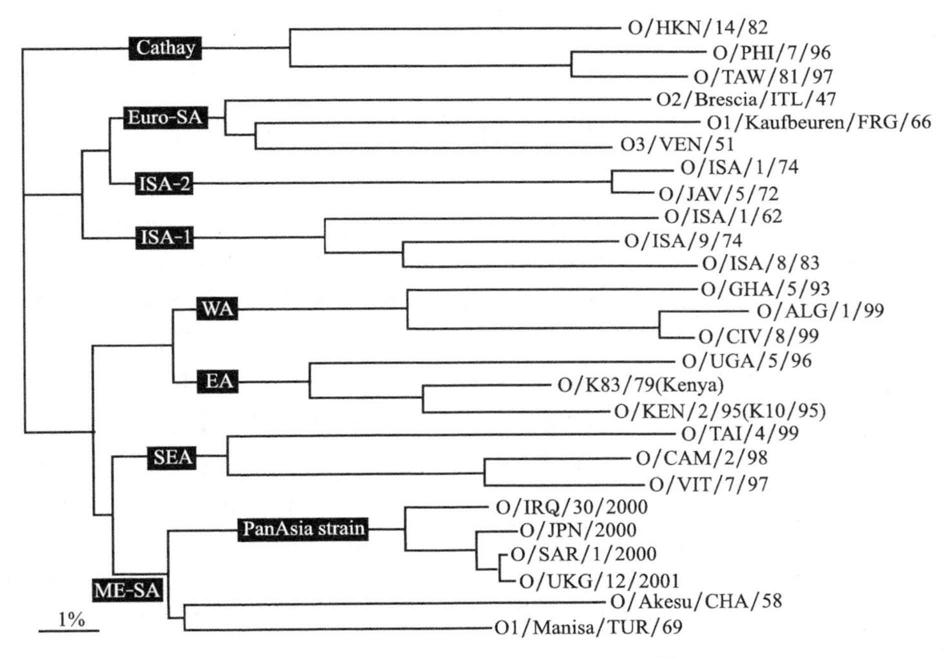

图 1.1　O 型 FMD 病毒拓扑型分布[33]

A 型口蹄疫病毒的基因和抗原种类最多的是欧亚型病毒株。在 20 世纪 70 年代末，就已经发现有高达 32 个亚型的存在，而且后续亚型的发现从未停止过。2011 年，Mohapatra 等以多于 15% 的 VP1 编码序列的差异为基础，将全部的 A 型 FMDV 分 26 个基因型[34]。A 型 FMDV 在 3 个不同的地理位置形成了明显不同的拓扑型，即亚洲、欧洲南部和非洲。在核苷酸差异方面，VP1 编码区的基因差异性很大，不同拓扑型 FMDV 在该编码区的变异性最多达到 24%。亚洲拓扑型在中东和南亚地区最为流行，并且存在于不同的家系。A-Iran 05 家系是在西部欧亚地区占主导地位的病毒株，并且逐渐演变成不同的家系亚种[35]。

亚洲Ⅰ型（AsiaⅠ型）被认为是基因型和抗原性变化最少的血清型。Anesell等对1954年、1990年分离的流行于亚洲的AsiaⅠ型口蹄疫病毒株与其他血清型的病毒株相比较，虽然VP1编码序列变化较少，但是AsiaⅠ型口蹄疫病毒受体结合基序RGD LXXL与O型和A型口蹄疫病毒相比，更容易变异。

O型和A型口蹄疫病毒被分为不同的家系，但亚洲Ⅰ型口蹄疫病毒被分成不同的组。目前，通过序列分析，特别是进行全基因组序列分析，对暴发疫病的病毒进行追踪。

无论是何种血清型的口蹄疫病毒株，都会在抗原性、生物学特征和流行病学上存在很多变异。在某些情况下，同一血清型不同的变异株之间存在较弱的交叉保护，因此，需要确定毒株/亚型的特性，以确保疾病暴发时能够选择适当的疫苗株[36]。

1.4　口蹄疫病毒基因组基本结构

FMDV为单股正链线形RNA病毒，病毒粒子呈球形，无囊膜，直径为20～30 nm，分子质量为6.9×10^6Da，沉降系数146S，二十面体对称结构[37]。FMDV基因组长约8.5 kb，只有一个开放阅读框（open reading fragment, ORF），由L基因、P1结构基因、P2和P3非结构基因，以及起始密码子和终止密码子等组成。5′端无帽结构与病毒编码的小蛋白3B（vpg）相连，离5′端400～500 nt处是一个长100～200个核苷酸的富含胞嘧啶核苷的poly（C）区，长度因不同毒株而异。poly（C）区后还有一个约800 nt的非编码区，之后是一个长达6500 nt的编码区。3′端有一非编码区，并带有poly（A）尾巴。poly（A）的存在能使FMDV转录及时有效地终止。另外，根据poly（A）越短、病毒感染性越低的特点，推测poly（A）可能与病毒的毒力有关。FMDV RNA是单顺反子，中途不停顿，一次将所有病毒蛋白编码完成。编码区终止子后还有一个长达40～100 nt的非编码区到此结束。

Newman和Brown发现，在高度纯化的FMDV颗粒中除了有病毒的4种结构蛋白外，还有病毒自身编码的非结构蛋白2C、3CD、3C和3D，并且还带有宿主细胞的肌动蛋白（actin）。将纯化的病毒颗粒用酚或酚-SDS溶剂处理，可以将RNA与衣壳蛋白分离，这些非结构蛋白仍与RNA结合，用蛋白酶K去除这些蛋白质，所剩的裸RNA仍具有侵染性，但侵染能力大大下降[38]。

根据Rueckert[39]和Mason[40]等对病毒蛋白的命名，以及主要裂解位点和蛋白酶的确定，口蹄疫病毒基因组构成如图1.2所示。

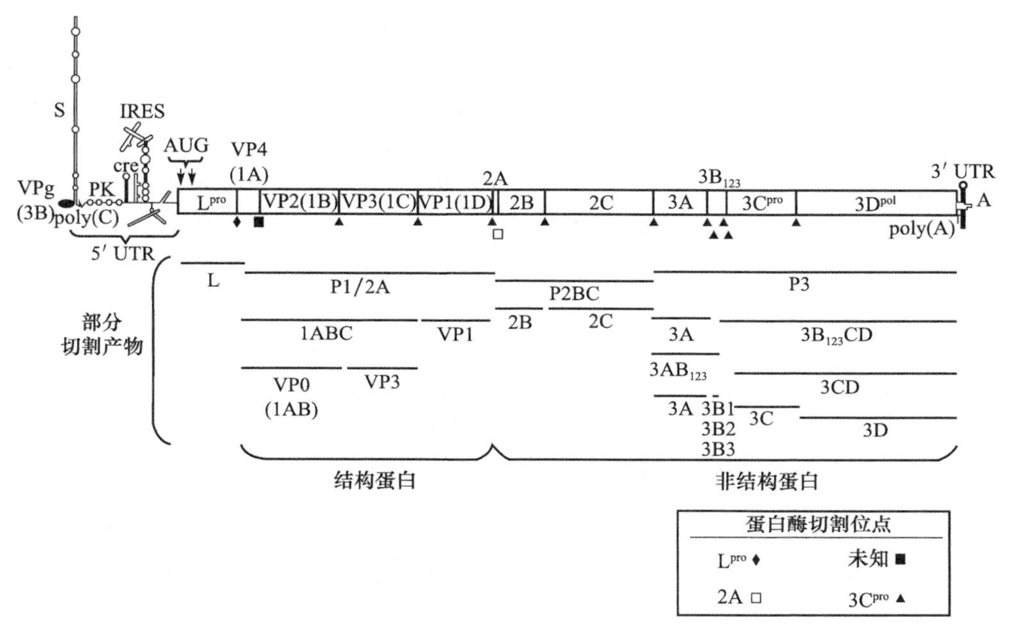

图 1.2　口蹄疫病毒基因组[41]

框里面显示的是开放阅读框（ORF），病毒蛋白是根据 Rueckert 和 Wimmer 的系统命名法命名。同时还显示了基因组中的功能元件，以及部分蛋白质切割产物，见正文所述。负责切割的蛋白酶和初步的切割位点也被指出。PK（pseudoknot structure）是指假节结构（mason）

1.5　口蹄疫病毒结构蛋白主要功能

FMDV 基因组的编码产物为一多聚蛋白，在病毒的装配过程中并不存在此完整的多聚蛋白，该蛋白质在翻译过程中被逐渐裂解，产生病毒的结构蛋白 P1，以及非结构蛋白 L、P2 和 P3。结构蛋白 P1 区核苷酸序列全长由 1A、1B、1C 和 1D 共 4 个基因编码序列组成，对应分别称为 VP4、VP2、VP3 和 VP1 的 4 种结构蛋白。P1 在 2A 和 3C 蛋白酶的作用下裂解产生病毒的上述 4 种结构蛋白，这 4 种结构蛋白各 60 分子自发组装产生病毒粒子的衣壳。其中，VP1 蛋白大部分暴露在病毒粒子的外表面，是决定病毒抗原性的主要成分，VP1、VP2、VP3 位于衣壳表面，为外衣壳蛋白，VP4 位于衣壳内部[42]。病毒的衣壳蛋白能够诱导与完全病毒粒子相同的特异性中和抗体[43]。FMDV 的 4 种结构蛋白都具有免疫原性，但仅 VP1 能使动物产生病毒中和抗体。

FMDV 的 4 种结构蛋白含有病毒抗原表位（epitope）或抗原决定簇（antigen determinant），其中一个表位改变可影响该区域内相邻表位与相应单克隆抗体的反应[7]。不同血清型病毒的抗原位点有所不同，现已证明，O 型 FMDV 至少有

5 个位点。抗原位点 1 由 1D（VP1）βG-βH 环（1133～1157）和 C 端 200～213 位氨基酸残基的线形表位组成。抗原位点 1 是 FMDV 最重要的抗原位点，也是 FMDV 变异的关键位点，其关键氨基酸 1144、1148、1154 和 1208 位的改变会导致抗原位点 1 的免疫原性。抗原位点 2 位于病毒颗粒表面 1B（VP2）的 βB-C 环和 βE-αB 上，由 4 个表位组成，关键氨基酸为 2070、2073、2075、2077 和 2131 位，其中 2073 和 2075 位氨基酸任何一个改变都会导致 4 个表位的消失，其他氨基酸改变时，仅个别表位消失。抗原位点 3 位于病毒粒子 1D（VP1）的 βB-C 环上，关键氨基酸为 1043 和 1044 位。抗原位点 4 位于 1C（VP3）的 β-B 结节上，关键氨基酸为 3058 位。抗原位点 5 位于 1D（VP1）G-H 环内，关键氨基酸为 1149 位。由此可知，O 型 FMDV 的 VP1 蛋白含有多个关键性抗原表位，并且 VP1 蛋白中 RGD（Arg-Gly-Asp）序列多肽能够特异性地与 BHK 细胞结合，是 FMDV 侵染细胞必需的保守序列 [44～48]。

1.6 口蹄疫病毒非结构蛋白主要功能

FMDV 非结构蛋白基因包括 P2 和 P3 编码区，其中 P2 区编码 2A、2B、2C 蛋白，P3 区编码 3A、3B、3C 和 3D 蛋白。P2 被裂解为 2A、2B 和 2C。2A 蛋白是含有 18 个氨基酸的多肽，在多聚蛋白初级切割过程中，能通过自身切割与结构蛋白 P1 相分离；2B 和 2C 蛋白位于内质网表面的小泡上，具有辅助病毒诱导细胞病变作用；2C 蛋白是膜结合蛋白，是起始负链 RNA 合成所必需的蛋白质，具有 ATPase 和 GTPase 活性，同时有助于新合成 FMDV 衣壳的装配，能诱使 FMDV 在细胞内以出芽式增殖 [49,50]。P3 基因由 3A、3B、3C、3D 共同组成。3A 具有膜相关性，被认为是小 RNA 病毒复制复合体与膜结构结合的锚定蛋白，与病毒诱导的细胞病理效应和阻断宿主细胞内蛋白的分泌有关。3B 蛋白是由 P3 非结构蛋白编码区 3 个相连但不完全相同的基因编码，可以产生 3 种不同的 3B 蛋白（VPg），这是 RNA 病毒中少有的核苷酸丰余现象。VPg 蛋白参与 RNA 的起始合成，并且在病毒 RNA 的衣壳形成中发挥重要的作用 [51]。3C 蛋白具有酶活性，FMDV 大部分多聚蛋白的切割都是由它完成的，同时 3C 在裂解宿主蛋白中起着重要的作用。3D 蛋白又称 FMDV 感染相关抗原，是 FMDV 编码的 RNA 聚合酶，核苷酸和氨基酸序列具有高度保守性，具有催化病毒 RNA 合成的功能。3D 蛋白除具有依赖于 RNA 的 RNA 聚合酶功能外，还具有 VPg 尿苷化、末端腺苷转移酶，以及与 3′UTR 和 3AB 形成 RNP 复合物的功能 [52,53]。

1.7 阿克苏（Akesu/O/58）口蹄疫病毒基因组结构及特点

阿克苏（Akesu/O/58）FMDV是1958年在我国新疆阿克苏地区分离到的一株O型毒株，是中国农业科学院兰州兽医研究所最早用于生产口蹄疫病毒疫苗的毒株，也是我国搭载卫星上天的两株口蹄疫病毒中的一株。该毒株是我国（可能也是世界）出现年代最早的东亚遗传群毒株，目前还没有发现一株流行病毒株能与其同处于一个谱系之中，在我国乃至全世界都是一个较独特的毒株，只有我国曾经使用过的源自该毒株的弱毒疫苗株OP4与之是同一谱系，其同源性为96.9%[54]。

研究报道，阿克苏（Akesu/O/58）FMD病毒株基因组的S片段（small segment）和L片段（large segment）分别由369 nt和7769 nt组成。S片段属5′非编码区（untranslated region, UTR）。L片段的751～757位是Kozak有效翻译起始基序（AXX ATG G），上游84 nt有另一个翻译起始密码子ATG，再上游是5′ UTR。L片段中大的开放阅读框（ORF）有结构蛋白和非结构蛋白编码基因。L（La/Lab）蛋白酶基因长度为603 nt，编码201个氨基酸，L蛋白与P1从Lys/Gly间裂解。P1结构蛋白编码区共有2208 nt，编码736个氨基酸。4种结构蛋白VP1、VP2、VP3和VP4的基因分别由639 nt、654 nt、660 nt和255 nt组成，编码213个、218个、220个和85个氨基酸。VP4与VP2的连接断裂点是Ala/Asp，VP2与VP3的连接断裂点是Glu/Gly，VP3与VP1的连接断裂点是Gln/Thr，VP1与非结构蛋白P2从Leu/Asn间裂解。P2非结构蛋白由2A、2B和2C组成，P2基因由1464 nt组成，编码488个氨基酸，2A、2B和2C分别占有16个、154个和318个氨基酸。2A与2B的断点是NPG/P（Asn-Pro-Gly/Pro），2B与2C的裂解点是Gln/Leu，2C与P3从Gln/Ile间裂解。P3区非结构蛋白由3A、3个3B（VPg）、3C和3D组成，P3区核苷酸序列共计2724 nt，包括一个终止密码子TAA，共编码907个氨基酸，其中3A的基因是459 nt，编码153个氨基酸；3个3B（VPg）基因分别为69 nt、72 nt和72 nt，编码蛋白的氨基酸各为23个、24个和24个；3C基因有639 nt，编码的蛋白质是213个氨基酸；3D基因有1413 nt，编码的蛋白质是471个氨基酸，各蛋白质间由Glu/Gly（Ser）连接。不计poly（A），阿克苏（Akesu/O/58）FMDV的3′ UTR由95 nt组成[55,56]。

阿克苏（Akesu/O/58）FMDV的结构蛋白P1区与同型（O型），即Asia Ⅰ和A型比较，后两个血清型的基因有缺失和插入。不同血清型间，4种结构蛋白中，VP4基因的核苷酸和氨基酸序列差异最小，阿克苏（Akesu/O/58）毒株VP4与A22型病毒株VP4的同源性为100%。无论是基因的核苷酸序列，还是多肽的氨基酸序列，VP1、VP2 和 VP3 的差异有明显的血清型特征。其中，VP1 的差异最大，差异主要集中在氨基酸序列的 130～144 位，另外两个次级集中区是 40～50 位和 193～213 位。刘在新等 [55] 发现阿克苏（Akesu/O/58）FMDV 的结构蛋白 VP1 的序列很特别，其细胞受体结合位点基序是 SGD（Ser-Gly-Asp），而不是已报道的数百种 FMD 病毒株 VP1 序列具有的 RGD。研究表明，细胞受体结合位点基序 RGD 识别的整联蛋白 $\alpha_v\beta_3$ 分子是 FMDV 感染牛的成功受体。RGD 基序与整联蛋白 $\alpha_v\beta_3$ 分子结合，第三位的 D 是关键氨基酸 [57,58]。细胞受体结合位点基序 RGD 与整联蛋白结合的特异性及亲和力也受侧翼氨基酸残基的影响。O 型和 C 型病毒的细胞受体结合位点基序 RGD 侧翼 +1 和 +4 位的两个亮氨酸是促进细胞识别的关键，这些特殊的氨基酸残基在大多数田间分离株上都是保守的 [59]。尽管自然分离株阿克苏（Akesu/O/58）FMDV 的细胞识别中心序列不是保守的 RGD，而是 SGD，但其仍能利用 FMDV 的自然受体——整联蛋白，这是通过衣壳表面其他氨基酸残基补偿实现的，这些残基与 SGD 形成了相互协调的作用。SGD 侧翼 +1 和 +4 位的氨基酸残基也不例外，表明分离株的这两个残基参与整联蛋白受体的结合。

刘在新等 [59]（2003）研究发现，将阿克苏（Akesu/O/58）分离株感染体外培养的 BHK21、CHO 和 IB-RS-2 细胞系，经数代盲传，当细胞出现 CPE 时，进行 VP1 基因序列测定和编码的氨基酸序列显示，不同细胞系的适应病毒，其细胞受体吸附核心区序列没有完全沿用亲本的 SGD，而变为 RGD 基序。另外还发现，细胞适应病毒后，VP1 中变异的氨基酸残基集中在 133～145 位，说明同一亲本适应不同的细胞系，VP1 易变区位于 βG-βH 环上的 133～145 位。FMDV 的核酸易发生变异，病毒经同一宿主多代复制后，RNA 会出现点突变，这主要与 RNA 复制时固有的不精确机制有关；病毒经不同的宿主适应后，RNA 变异程度会提高，这主要与选择压力有关。国外报道的 FMDV 全基因组序列大多是细胞适应病毒的，而刘在新等新报道的不经宿主转换的阿克苏（Akesu/O/58）FMDV 基因组序列更能体现野生型 FMDV 真实的核酸序列。

参 考 文 献

[1] Marvin JG, Barry B. Foot-and- mouth disease [J]. Clin Microbiol Rev, 2004, 17（2）: 465-493.

[2] Leforban Y. Prevention measures against foot-and-mouth disease in Europe in recent years [J]. Vaccine, 1999, 17: 1755-1759.

[3] Pacheco JM, Arzt J, Rodriguez LL. Early events in the pathogenesis of foot-and-mouth disease in cattle after controlled aerosol exposure[J]. Vet J, 2010, 183（1）: 46-53.

[4] 谢庆阁 . 口蹄疫 [M]. 北京：中国农业出版社 , 2004: 51-56.

[5] 何继军 , 郭建宏 , 刘湘涛 . 我国口蹄疫流行现状与控制策略 [J]. 中国动物检疫 , 2015, 32（6）: 10-14.

[6] Prempeh H, Smith R, Müller B. Foot and mouth disease: the human consequences. The health consequences are slight, the economic ones huge[J]. BMJ（Clinical Research Edition）, 2001, 322（7286）:565-566.

[7] Fred B. The history of research in foot-and-mouth disease[J]. Virus Research, 2003, 91: 3-7.

[8] Brooksby JB. Portraits of viruses: foot-and-mouth disease virus[J]. Inter Virology, 1982, 18（1-2）:1-23.

[9] Frenkel HS. Research on foot-and-mouth disease.Ⅲ. The cultivation of virus on a practical scale in explantations of bovine tongue epithelium[J]. American Journal of Veterinary Research, 1951, 12（44）:187-190.

[10] Skinner HH. Propagation of strains of foot-and-mouth disease virus in unweaned white mice[J]. Proceedings of the Royal Society of Medicine, 1951, 44（12）: 1041-1044.

[11] Bradish CJ, Henderson WM, Kirkham JB. Concentration and electron microscopy of the characteristic particle of foot-and-mouth disease[J]. Journal of General Microbiology, 1960, 22（2）: 379-391.

[12] Brown F, Crick J. Application of gel diffusion analysis to a study of the antigenic structure of inactivated vaccines prepared from the virus of foot-and-mouth disease[J]. J Immunol, 1959, 82: 444-447.

[13] Mowat GN, Chapman WG. Growth of foot-and-mouth disease virus in a fibroblastic cell derived from hamster kidneys[J]. Nat Lond, 1962, 194: 253-255.

[14] Capstick PB, Telling RC, Chapman WG, et al. Growth of a cloned strain of hamster kidney cells in suspended cultures and their susceptibility to the virus of foot-and-mouth disease[J]. Nature, 1962, 195: 1163-1164.

[15] Hyslop NG. Air-borne infection with the virus of foot-and-mouth disease[J]. J Comp Path, 1965, 75: 119-126.

[16] Cowan KM, Graves JH. A third antigenic component associated with foot-and-mouth disease infection[J]. Virology, 1966, 30: 528-540.

[17] Kleid DG, Yansura D, Small B, et al. Cloned viral protein vaccine for foot-and-mouth disease: responses in cattle and swine[J]. Science, 1981, 214（4525）: 1125-1129.

[18] Acharya R, Fry E, Stuart D, et al. The 3-dimensional structure of foot-and-mouth disease virus at 2.9-a resolution[J]. Nature, 1989, 337: 709-716.

[19] Newman JF, Piatti PG, Gorman BM, et al. Foot-and-mouth disease virus particles contain replicase protein 3D[J]. Proceedings of the National Academy of Sciences of the United States of America, 1994, 91（2）: 733-737.

[20] Schumann KR, Knowles NJ, Davies PR, et al. Genetic characterization and molecular epidemiology of foot-and-mouth disease viruses isolated from Afghanistan in 2003[J]. Virus Genes, 2008, 36（2）: 401-413.

[21] Klein J, Hussain M, Ahmad M, et al. Genetic characterization of the recent foot and mouth disease virus subtype A/IRN/ 2005[J].Virol J, 2007, 4 :122.

[22] Knowles NJ, Nazem Shirazi MH, Wadsworth J, et al. Recent spread of a new strain（A-Iran-O5）of foot-and-mouth disease virus type A in the Middle East, 2009 [J]. Transbound Emerg Dis, 2009, 56（5）: 157-169.

[23] Muroga N, Hayama Y, Yamamoto T, et al. The 2010 foot-and-mouth disease epidemic in Japan[J]. J Vet Med Sci, 2012, 74（4）:399-404.

[24] Park JH, Lee KN, Ko YJ, et al. Control of foot-and-mouth disease during 2010-2011 epidemic, South Korea[J]. Emerg Infect Dis, 2013, 19（4）: 655-659.

[25] Alexandrov T, Stefanov D, Kamenov P, et al. Surveillance of foot-and-mouth disease（FMD）in susceptible wild life and domestic ungulates in Southeast of Bulgaria following a FMD case in wild boar[J]. Vet Microbiol, 2013, 166（1-2）:84-90.

[26] Kandeil A, E1-Shesheny R, Kayali G, et al.Characterization of the recent outbreak of Foot and mouth disease virus serotype SAT 2 in Egypt [J]. Arch Virol, 2013, 158（3）: 619-627.

[27] Valdazo-Gonzalez B, Knowles NJ, King DP. Genome sequences of foot-and-mouth disease virus O/M E-S AInd- 2001 lineage from outbreaks in Libya, Saudi Arabia, and Bhutan during 2013[J]. Genome Announe, 2014, 2（2）: e00242-14.

[28] Reid SM, Mioulet V, Knoeles NJ, et al. Development of tailored real-time RT-PCR assays for the detection and differentiation of serotype O, A, Asia-1 foot-and -mouth disease virus lineages circulating in the Middle East[J]. Journal of Virology Methods, 2014, 207:146-153.

[29] Sobrino F, Saiz M, Jimenez-Clavero MA, et al. Foot-and-mouth disease virus: a long known virus, but a current threat [J]. Vet Res, 2001, 32: 1-30.

[30] 殷震，刘景华. 动物病毒学 [M]. 第 2 版. 北京：科学出版社，1997: 480-481.

[31] Bachrach HL. Foot-and-mouth disease [J]. Annu Rev Microbiol, 1968, 22: 201-244.

[32] Knowles NJ, Samuel AR. Foot-and-mouth disease type o virus exhibit genetically and geographically distinct evolutionary lineages（topotypes）[J]. Gen Virol, 2001, 82: 609-621.

[33] Knowles NJ, Samuel AR. Molecular epidemiology of foot-and-mouth disease virus [J]. Virus Res, 2003, 91: 65-80.

[34] Mohapatra JK, Subramaniam S, Pandey LK, et al. Phylogenetic structure of serotype A foot-and-mouth disease virus: Global diversity and the Indian perspective [J]. J Gen Virol, 2011, 92:873-879.

[35] Jamal SM, Ferrari G, Ahmed S, et al. Evolutionary analysis of serotype A foot-and-mouth disease viruses circulating in Pakistan and Afghanistan during 2002-2009[J]. J Gen Virol, 2011, 92: 2849-2864.

[36] 王乐. 不同血清型的口蹄疫病毒的特征 [J]. 吉林畜牧兽医，2017, 38（2）: 45-46.

[37] Rueckert RR. Picornaviridae: the viruses and their replication [J]. Fields Virol, 1996, 609-654.

[38] Newman JFE, Brown F. Foot-and-mouth disease virus and poliovirus contain proteins of the replication complex [J]. Virol, 1997, 7: 7657-7662.

[39] Rueckert RR, Wimmer E. Systematic nomenclature of picornavirus proteins [J]. Virol, 1984, 50: 957-959.

[40] Mason PW, Grubman MJ, Baxt B. Molecular basis of pathogenesis of FMDV [J]. Virus Res, 2003, 91: 9-32.

[41] Grubman MJ, Baxt B. Foot-and-mouth disease [J]. Clin Microbiol Rev, 2004, 17（2）: 465-493.

[42] Ambrams CC, King AMQ, Belsham GJ, et al. Assembly of foot-and-mouth disease virus empty capsids synthesized by a vaccinia virus expression system [J]. Gen Virol, 1995, 76: 3089-3098.

[43] Rowlands DJ, Sangar DV, Brown F. A comparative chemical and serological study of the full and empty particales of foot-and-mouth disease virus [J]. Gen Virol, 1975, 26: 227-238.

[44] Mclahon D, Crowther JR, Belsham GJ, et al. Evidence for at least four antigenic sites [J]. Virol, 1989, 70: 639-640.

[45] Xie QG, McCahan D, Crowther JR, et al. Neutralization of foot-and-mouth disease virus can be mediated through any of at least three separate antigenic sites [J]. Gen Virol, 1987, 68: 163-167.

[46] Strohmaier K, Franze R, Adman KH. Location and characterization of the antigenic portion of the FMDV immunization protein [J]. Gen Virol, 1982, 59:295-360.

[47] Ochoa WF, Kalko S, Mateu MG, et al. A multiply substituted G-H loop from foot-and-mouth virus in complex with a neutralizing antibody: a role for water molecules [J]. Gen Virol, 2000, 81（6）: 1495-1505.

[48] Baranowski E, Ruiz-jarabo CM, Sevilla N, et al. Cell recognition by foot-and-mouth disease virus that lacks the RGD integrin-binding motif: flexibility in Apthovorus recepter usage [J]. Virol, 1999, 73: 2739-2744.

[49] Barton DJ, Flanegan JB. Synchronous replication of poliovirus RNA: initiation of negative-strand RNA synthesis requires the guanidine-inhibited activity of protein 2C[J]. J Virol, 1997, 7 l: 8482-8489.

[50] Bienz K, Egger D, Pfister T, et al. Structural and functional characterization of the poliovirus replication complex[J]. J Virol, 1992, 66: 2740-2747.

[51] Knowles NJ, Davies PR, Henry T, et al. Emergence in Asia of foot-and-mouth disease viruses with altered host range: characterization of alterations in the 3A protein[J]. J Virol, 200l, 75: 1551-1556.

[52] King AM, Sangar DV, Harris TJ, et al. Heterogeneity of the genome-linked protein of foot-and-mouth disease virus [J]. J Virol, 1980, 34（5）: 627-634.

[53] Belsham GI, McInerney GM, Ross-Smith N. Foot-and-mouth disease virus 3C protease induces

cleavage of translation initiation factors eIF4A and elF4G within infected cells[J]. J Virol, 2000, 74: 271-280.

[54] 刘湘涛，尚右军，周广青．O 型口蹄疫病毒分子遗传衍化关系分析 I [A]. 中国畜牧兽医学会口蹄疫学分会第九次全国口蹄疫学术研讨会论文集，2003, 9, 17-19.

[55] 刘在新．口蹄疫病毒基因组及其编码蛋白一级结构研究 [D]. 北京：中国农业科学研究院博士研究生论文，2002, 6.

[56] Neff SD, Sa-Carvalho D, Rieder E, et al. Foot-and-mouth disease virus virulent for cattle utilizes the integrin $\alpha v \beta 3$ as its receptor [J]. Virol，1998, 72: 3587-3594.

[57] Sa-Carvalho D, Rieder E, Bext B, et al. Tissue culture adaptation of foot-and-mouth disease virus select viruses that bind to heparin and are attenuated in cattle [J]. Virol,1997, 71: 5115-5123.

[58] Leipert M, Beck E, Weiland F, et al. Point mutations within the βG-βH loop of foot-and-mouth disease virus O1K affect virus attachment to target cells [J]. Virol, 1997, 71: 1046-1051.

[59] 刘在新，包惠芳，陈应理，等．阿克苏（Akesu/O/58）口蹄疫病毒适应不同细胞系后 SGD 三肽的变化 [A]. 中国畜牧兽医学会口蹄疫学分会第九次全国口蹄疫学术研讨会论文集，2003, 9: 38-41.

2 口蹄疫疫苗研究进展

FMD 在世界分布很广，在亚洲、非洲和南美洲广泛发生、流行猖獗，欧洲也有暴发。该病的流行历史很久，早在 14～15 世纪阿拉伯国家就有记载，历经多个世纪至今仍未消灭，是世界各国广泛研究和防制的重点[1]。尤其是 2000 年以来，在已消灭口蹄疫的日本、韩国、蒙古国、英国、法国、荷兰、爱尔兰等国家，FMD 又卷土重来，前所未有的 FMD 暴发给世界的畜牧业经济造成了巨大损失，引起全球性恐慌，因此世界各国对该病的防制和研究更加关注。我国 FMD 流行历史已久，曾造成过严重的经济损失和不良的政治影响，危害相当严重。

该病的防制因不同国家的经济实力而采取不同的政策和措施。例如，欧美等发达国家暴发后采取了非免疫预防的“屠杀”和焚烧政策[2]；我国和其他发展中国家则以免疫预防为主。绝大多数欧洲国家及部分南美洲国家或地区通过大量疫苗接种战役，在 20 世纪后半叶完成了对 FMD 的控制，收到了显著成效。许多非免疫无 FMD 国家经历过被世界动物卫生组织（OIE）认可的所谓“免疫无 FMD 国家或地区”这个阶段。疫苗接种被作为有效预防 FMD 的可靠手段，目前仍在广泛应用。例如，在有 FMD 流行的国家，每年都要进行有计划的免疫预防接种；无 FMD 流行或已消灭了 FMD 的国家，在疫苗库中也储备了一定数量的战备疫苗；受 FMD 威胁国家，除进行严格的进口检疫外，对边境地区亦进行定期的疫苗预防接种。因此，高质量、安全有效的 FMD 疫苗的研制和不断改进，不仅是决定疫苗免疫效果的关键，也是成功预防、控制直至最终消灭 FMD 的先决条件。

免疫控制政策的核心是疫苗，口蹄疫疫苗的研究经历了三个发展阶段，即弱毒疫苗、灭活疫苗和新型疫苗阶段。

2.1 口蹄疫传统疫苗

传统的 FMD 疫苗包括弱毒疫苗和灭活疫苗。虽然传统疫苗在防制 FMD 的流行史上起到了很重要的作用，但是根据临床应用和进一步的研究，发现传统的疫苗仍有诸多弊端。弱毒疫苗在临床应用过程中出现反应率高、反应重的现象。有鉴于此，我国和许多国家已明文禁止使用弱毒疫苗，现在只有少数国家使用。灭活疫苗因灭活不彻底，造成散毒的危害。

2.1.1 FMD弱毒疫苗

FMD 弱毒疫苗主要是通过在生物媒介（如组织细胞、鸡胚、乳鼠、乳兔等）进行连续继代驯化，或用物理方法如人工诱变（如 ts-变异株），或用化学方法（如胰酶反复处理）等途径人为获得的减毒（致弱）毒株，经接种制苗材料大量增殖病毒后，收集感染组织或细胞培养物，加入一定的保护剂（如甘油等）或佐剂（氢氧化铝胶等），制成免疫制剂。20 世纪 50～70 年代末，虽然先后培育出了十几个弱毒疫苗株，但实际应用效果不理想。国际上除了委内瑞拉和亚洲某些地区还使用弱毒疫苗外，几乎不再研制和使用 FMD 活疫苗 [3]。

尽管该疫苗有较好的免疫原性，且具有持续时间长、疫苗接种量少等优点，但弱毒疫苗在遗传上很不稳定，多次传代可能出现毒力返祖现象。国际上已有多起由于使用弱毒疫苗而引起 FMD 暴发的报道。

2.1.2 FMD灭活疫苗

FMD 常规灭活疫苗，是以灭活病毒为抗原的一类疫苗。其研制和生产过程是：通过试验筛选田间毒株作为疫苗毒种，经病毒培养系统大量增殖，对获得的病毒灭活处理，加佐剂制成疫苗。FMD 灭活疫苗克服了弱毒疫苗散毒、返强等缺点，在世界许多地区 FMD 的防制中收到了明显的效果，发挥了很大作用。因其安全有效，被广泛应用，是目前特异性预防 FMD 的有效手段。FMD 灭活疫苗能引起机体相应的体液免疫应答，从而使接种动物得到短期而有效的免疫保护。

1925～1929 年，Belin 等首次用 FMD 发病牛舌皮组织病料制造出 FMD 甲醛灭活疫苗，揭开了 FMD 主动免疫研究的序幕。但该疫苗存在生产稳定性差、散毒危险，以及在安全性和有效性上的不确定等诸多弊端，因而在实践中应用的时间并不长。1934 年，Schmidt 和 Hansen 发现了无毒性且能增强免疫效力的氢氧化铝胶佐剂，但以该佐剂研制的口蹄疫疫苗免疫牛群后，牛群全部发病。1938 年，Waldmann 和 Kobe 结合上述两种方法，成功研究并获得了符合实践要求的第一个 FMD 疫苗——铝胶甲醛灭活疫苗，又称为 Waldmann 疫苗或 Schmidt-Waldmann 疫苗。1947～1954 年，Frenkel 又用牛舌上皮细胞培养法发展了自己创造的组织块 Frenkel 培养法，使大规模病毒抗原生产技术获得成功；至今仍认为按 Frenkel 方法可以获得高滴度的病毒材料，且能制造出安全、有效的灭活疫苗，在欧洲 FMD 的免疫防制方面起到了重要的作用。1952 年，Dulbecco 首先用胰蛋白酶消化动物的肾脏皮质获得初代单层肾上皮细胞，用其培养 FMD 病毒获得成功。1962～1963 年，Ubertini 等应用犊牛肾细胞培养 FMD 病毒生产疫苗，但因为生产规模小，材料来源困难，还存在病毒潜在污染等问题，不适合于大规模生产而被淘汰。从 1948 年 Sanford 成功培育出第一个被称为 L 株（种系）细胞的传代细胞以来，各国兽医科学家相继用各种传代品系细胞来培养 FMD 病毒，其中能获得滴度高且病毒能稳定增殖的是PK细胞系、IB-Rs-2细胞系、BHK21细胞系。FMD灭活疫苗的大规模工业化生产是从1962年英国Pribright动物病毒研究所培育的BHK21传代细胞培养FMDV开始的[3~7]。20世纪70～80年代初，南美洲国家已有工厂普遍采用发酵罐进行BHK细胞悬浮培养生产口蹄疫疫苗并进行防控。

FMD灭活疫苗的灭活剂最初多采用甲醛，但甲醛有使病毒抗原性发生变化，从而减弱疫苗免疫力的缺点。后来逐渐采用乙烯亚胺的各种衍生物作为灭活剂，如AEI和BEA，这两种灭活剂主要作用于核酸，能够使FMDV蛋白保持较好的抗原性，但是毒性太大。后期将BEA改进为BEI（二乙烯亚胺），其毒性较小，被广泛使用，中国农业科学院兰州兽医研究所生产的FMD灭活疫苗曾采用BEI作为灭活剂。对乙烯亚胺类衍生物与甲醛在灭活病毒的比较研究发现，甲醛灭活的弗氏完全佐剂疫苗有效期达10年，而BEI灭活的同类疫苗的有效期仅2年左右，并且存在毒性大、病毒稳定性差等弊端。另有报道，甲醛与BEI协同作用可使灭活效力提高100倍，不仅缩短了灭活时间，而且在保护抗原性的同时，改善了疫苗的稳定性。甲醛与BEI协同作用灭活法将在疫苗生产中发挥积极有效的作用。

自Frenkel创建口蹄疫灭活疫苗以来，灭活疫苗的研究与应用在该病的防制方面也取得了非常良好的效果，与严格的政府防控措施结合时，甚至根除了有些地区的口蹄疫，如欧洲大部分国家和美洲部分国家都消灭了口蹄疫。目前，除欧盟取消了口蹄疫灭活疫苗的免疫接种政策外，南美洲和亚洲多数国家仍然使用口蹄疫灭活疫苗预防和控制口蹄疫。

虽然口蹄疫灭活疫苗具有免疫效果理想、生产工艺成熟等优点，但是灭活疫苗的生产需要通过组织培养得到大量的病毒，还需要相应的设备、制剂的乳化，以及疫苗保存、运输使用过程中的冷链环节等高昂的生产成本。另外，灭活疫苗接种量大、免疫持续时间相对较短、灭活不完全，注射给动物后可能引起新FMD的暴发。该法最大的弊端是在生产灭活疫苗的过程中存在活病毒从疫苗生产车间逃逸的危险，导致大范围的环境污染或疫病发生。另外，灭活疫苗的抗病毒免疫机制的广谱性有限，而且不能解决动物持续性感染的问题，其局限性日渐突出，这也是FMDV灭活疫苗无法避免的安全性问题。因此，研究建立成本低廉、安全有效的新型疫苗显得尤为重要和紧迫。

2.2 口蹄疫新型疫苗

随着分子生物学技术的发展，FMD新型疫苗的研究也取得了长足的进步。迄今为止，新型的FMD疫苗主要有基因工程亚单位疫苗、合成肽疫苗、融合蛋白疫苗、核酸疫苗、重组活载体疫苗、基因缺失疫苗和反向遗传疫苗等。

2.2.1　FMD基因工程亚单位疫苗

亚单位疫苗（subunit vaccine）是将编码病原微生物的抗原基因导入受体菌或细胞中，使其在受体细胞中高效表达抗原蛋白，并以此抗原蛋白研制的一类疫苗。分子生物学的发展使由特定的抗原诱导保护性免疫应答成为可能。为避免使用活的病毒或其他病原微生物，常采用基因工程技术分离相应的抗原基因，然后克隆到一个合适的表达载体中（如大肠杆菌表达系统）生产亚单位疫苗，以确保疫苗的安全性。

Bachrach 等 [8] 从 FMDV 分离出衣壳蛋白 VP1，以弗氏不完全佐剂乳化，制成 FMD 病毒蛋白亚基疫苗，免疫动物获得了比较理想的效果。这一试验结果为运用基因工程技术研制 FMD 基因重组亚单位疫苗提供了理论依据。将具有免疫原性抗原决定簇的基因片段插入到细菌、酵母、昆虫细胞、能连续传代的哺乳动物细胞和植物细胞染色体基因组内，以基因工程技术生产大量抗原。这类疫苗不含致病的核酸成分，安全可靠，现已成功研制乙型肝炎亚单位疫苗，并已投入商品化生产和使用。第一个商品化的兽用基因工程亚单位疫苗是仔猪腹泻的大肠杆菌菌毛 K_{88}、K_{99} 疫苗。FMD 基因工程亚单位疫苗方面的研究，主要针对已确定的 VP1 蛋白的第 141～160 位氨基酸残基和 200～213 位氨基酸残基所构成 FMDV 的主要抗原表位展开，扩增出该基因片段或 VP1 全基因序列，采用合适的载体系统来表达出这段蛋白质。表达系统包括原核表达系统和真核表达系统两大类。

2.2.1.1　原核表达系统

Boothroyd 和 Kleid 等 [9,10] 报道反转录克隆了 FMDV VP1 基因，并在大肠杆菌中得到表达。Kleid 等 [10] 还运用在大肠杆菌重组表达的 A 型 FMDV VP1 的融合蛋白制成疫苗免疫动物，可诱导免疫动物产生病毒中和抗体，重复接种后，牛可以抗 A 型 FMDV 的攻击感染。Grubman 等 [11] 用杆状病毒表达系统表达了 FMDV 的 VP1-2A 和部分 VP2 基因，用该表达产物免疫猪，猪不表现临床症状，但却不能阻止杆状病毒的复制。尽管原核细胞表达蛋白的剂量较大、纯度较高，但原核细胞表达的蛋白免疫原性比相同数量的完整病毒颗粒的抗原性低好几个数量级。造成原核细胞表达蛋白免疫原性低的原因与表达产物在原核细胞不能正确折叠有关，从而限制了其抗原位点在宿主免疫系统中的暴露。

王淼等从 A 型口蹄疫病毒中克隆出 VP1 基因后，根据乳酸杆菌密码子偏好性对 VP1 进行优化，构建大肠杆菌－乳酸杆菌穿梭表达载体 pSIP411-VP1，将重组质粒 pSIP411-VP1 电转化到乳酸杆菌 NC8 和 WCFS1 中，经 SppIP 诱导表达，检测证明 VP1 在 NC8 和 WCFS1 中得到表达。分别给豚鼠口服 pSIP411-VP1-NC8、pSIP411-NC8、pSIP411-VP1-WCFS1、pSIP411-WCFS1 和鲜奶，免疫 3 次，每次连续免疫 3 天，最后进行攻毒保护实验，观察 1 周。结果表明，两组重组乳酸杆菌免疫组抗体水平明显高于其他三组，差异显著，$CD4^+$、$CD8^+$淋巴细胞含量明显增多，脾淋巴细胞在抗原刺激后增殖明显，并检测到了中和抗体的表达[12]，即A型口蹄疫病毒的VP1基因在重组乳酸杆菌NC8和WCFS1中获得了表达，并且免疫动物后增强了动物的免疫功能，抵抗了口蹄疫病毒的感染。该研究为研制预防口蹄疫病毒的重组乳酸杆菌疫苗奠定了基础。

2.2.1.2 真核表达系统

真核系统表达的蛋白质的构象形成、分泌和加工修饰类似于天然蛋白质原型，具有较高的生物学活性，但表达量很低。真核表达系统多采用昆虫细胞、酵母、哺乳动物细胞和植物细胞等。利用含有FMDV的VP1结构蛋白前体基因或P1和3C基因的表达载体，分别在大肠杆菌和昆虫细胞中表达，虽然这两种表达蛋白产物都能与同一特异性单抗反应，但只有在昆虫细胞中表达的蛋白质能刺激豚鼠产生中和抗体，其原因是P1重组体在大肠杆菌中的表达没有有效组装。昆虫细胞中表达的蛋白质与哺乳动物细胞中表达的蛋白质有相同的结构、生物活性和免疫原性，尤其是新改进的无血清发酵培养技术，克服和避免了昆虫细胞对培养液中大量蛋白质的敏感反应，以及为维持其高需氧量时机械搅拌和气体冲击造成细胞损伤等缺点。酵母表达系统表达的FMDV抗原蛋白，其活性和免疫原性也较好，但表达量低是其走向应用的“瓶颈”。传统的亚单位疫苗因生产成本昂贵、容易失活（需特殊的冷链系统进行储存和运输）而限制了生产和使用。

Mason等[13]于1992年首次提出，利用基因工程手段，将病毒抗原基因导入到植物体中表达，通过饲喂动物，从而达到免疫的效果。此思路一经提出，就由于其广阔的应用前景受到很多研究者的关注，而且很多研究者对此进行了长期的探索。

近年来，植物作为生物外源蛋白的天然生物反应器（natural bioreactor）生产可食性疫苗和转基因抗体取得了可喜的进展，该领域的研究成为21世纪又一新热点[14]。目前，国外关于口蹄疫转基因可饲化疫苗方面的研究主要是由阿根廷的Carrillo等领导的研究小组开展。Carrillo等[15]将口蹄疫病毒O1 Campos（O1C）的结构基因VP1（FMDV-VP1）插入双元载体pRok1中，构建重组载体pRok1VP1，使FMDV-VP1基因在拟南芥中表达。试验证实，其产生的子代植株中含有VP1基因，将转基因拟南芥的提取物0.5 mL与适量弗氏不完全佐剂混合，分别于第0天、21天和35天腹膜注射60～90日龄的成年雄性Balb/C小白鼠，在最后一次注射后10天检测，发现试验鼠血清特异性抗体水平升高，经口蹄疫强毒攻击后，用表达了VP1的转基因植物提取物免疫的14只小鼠全部得到保护。该研究小组在1999～2005年又成功地在烟草中瞬时表达[16]，并在马铃薯[17]、苜蓿[18～20]中稳态表达了FMDV VP1基因，用该转基因苜蓿的叶提取物免疫Balb/C小白鼠，均获得了理想的免疫应答。国内该方面的研究起步较晚，据李昌等[21]

报道，采用基因枪法将 P1 基因转入马铃薯茎段，PCR Southern Blot 检测表明已将该基因整合到马铃薯基因组中，而该基因的转录、表达及免疫活性方面的研究尚未见报道。孙萌等[22]也通过基因枪法将 O 型 FMDV VP1 基因转入烟草和衣藻的叶绿体中获高效表达。比较上述几种基因工程亚单位疫苗表达系统，转基因植物可饲化疫苗是一种最经济、最安全的疫苗，而且该疫苗的运输和贮存不需要特殊的冷链系统，使用最方便，但目前这方面的研究仍处于实验室阶段。王宝琴等[23,24]通过根癌农杆菌介导法，将阿克苏（Akesu/O/58）FMDV 结构基因 VP1 转入烟草和豆科牧草百脉根，并且 VP1 基因在所转化的烟草和百脉根中能进行转录和有效翻译，所表达的蛋白质能够正确折叠，具有一定的生物活性和免疫原性。用 FMDV VP1 阳性转基因烟草免疫小鼠后，小鼠能够产生特异抗体，并且对同源 FMDV 有一定抵抗能力。Pan[25,26]将口蹄疫结构基因 P1-2A、蛋白酶和 3C 的基因转化到番茄，将结构基因 VP1 转化到拟南芥中均获得高表达植株，转基因植株粗提物免疫豚鼠后获得较理想的免疫效果。

利用转基因动、植物作为生物反应器生产有价值的功能蛋白和医用药物是目前生物技术及基因工程的一大热点，用转基因植物表达外源基因与细菌、酵母、昆虫细胞、哺乳动物细胞、转基因动物等表达系统相比，具有独到的优势。①植物细胞全能性。植物的组织、细胞或原生质体在适当的条件下都可以培养发育成完整的植株，组织培养基础好，遗传转化方法趋于成熟。②植物细胞真核性。可对真核蛋白进行正确的翻译后加工，如糖基化、酰胺化、磷酸化，精确地切割、折叠、装配，使表达产物具有与高等动物一致的生物活性，形成有活性的分子。③植物疫苗经济性。植物生长仅需要阳光、矿质营养及水。④植物疫苗商业性。植物生产药用蛋白简单、方便、成本低，且植物的适应能力强，对栽培（或培养）条件的要求比动物和微生物宽松得多。⑤植物疫苗安全性。用植物生产疫苗，其表达产物安全可靠，无毒性和副作用，无残存 DNA 污染和潜在致病、致癌性，并可避免繁杂的病毒接种程序和发酵产物的后加工过程。⑥易获得多价疫苗。将不同抗原基因的转基因植物进行杂交，可以很容易地获得多价转基因植物疫苗。⑦转基因植物种子易于贮存，有利于抗原蛋白的生产和运输。⑧不涉及公众目前非常关心的、敏感的转基因动物的伦理道德问题[27～33]。

上述研究报道表明，进行 FMDV 抗原基因的遗传转化的技术路线和实施方案正确可行，为后期对 FMD 在转基因可饲化免疫原（疫苗）方面的开发应用奠定了基础。

2.2.2 FMD合成肽疫苗

合成肽疫苗是指应用化学合成技术制备的具有特定抗原表位活性的一类多肽。理想的多肽疫苗应同时含有 B 细胞和 T 细胞抗原表位。随着科研人员对 FMDV 表面抗原结构和疫苗作用机制的深入了解，T 细胞对抗原的识别受 MHC

多态性的限制，所以对 T 细胞表位尚无定论。目前主要依据 B 淋巴细胞识别病毒颗粒的表位来设计相应的多肽疫苗。研究发现，病毒结构蛋白 VP1 G-H 环的 140～160 位残基上有连续 B 细胞表位，C 端 200～213 位残基上有 T 细胞抗原表位 [34]。还有实验证明，不同血清型的 VP1 βG-H 环的多肽疫苗能够诱导产生中和抗体 [35]。郑兆鑫和赵洪兴 [36] 将 O 型 FMDV VP1 蛋白中编码的 141～160、200～213 位氨基酸的基因片段串联后，与大肠杆菌 β-半乳糖苷酶构成融合基因，在大肠杆菌中表达的融合蛋白可诱导免疫动物产生一定的免疫保护反应。中牧集团兰州生物药厂 2003 年对 O 型猪口蹄疫合成肽疫苗的安全性、有效保存期、免疫效力、半数保护剂量（PD_{50}）、最小免疫剂量、免疫持续期、产生免疫力最早时间、免疫猪的血清抗体和攻毒保护率、对不同 O 型 FMD 病毒株的交叉保护率、田间试验和区域性试验等方面做了系统的研究，试验效果理想，有广阔的研制开发和应用前景 [28]。2006 年，由复旦大学联合中国农业科学院兰州兽医研究所等 4 家单位共同研制的“抗猪 O 型口蹄疫基因工程疫苗”获得成功，并获得我国农业部颁发的“一类新兽药证书”，这也是当时世界上唯一的猪口蹄疫基因工程疫苗。有学者对猪口蹄疫多肽疫苗与灭活疫苗的田间使用效果进行了比较，合成肽疫苗不论在免疫后的抗体滴度或是在抗强病毒保护方面的效果都与灭活疫苗相当 [37]。

虽然很多研究报道，多肽疫苗能使实验动物得到一定的免疫保护，但多肽疫苗的免疫原性还是不如传统的灭活疫苗理想。多肽疫苗存在的局限性，归因于未考虑 T 细胞的表位，只有在 T 细胞的协助下，B 细胞才能产生有效的免疫应答。显然，对于多肽疫苗的研制和应用尚需更深入的研究和探索。

我国科学家在猪 O 型口蹄疫合成肽疫苗研制和应用方面取得了喜人的成绩，这也为继续研究和开发出其他血清型口蹄疫病毒及适于其他动物的合成肽疫苗奠定了基础。

2.2.3 FMD融合蛋白疫苗

FMDV 是细胞内增殖，其免疫应答依赖于 T 细胞，因而细胞因子免疫性在抗病毒防御方面起着特别重要的作用。鉴于此，人们将 FMDV B 细胞或 T 细胞抗原表位与大的蛋白质分子基因或形成类病毒粒子（virus like particle）的结构基因融合，利用载体基因蛋白或类病毒粒子的抗原提呈作用，刺激 T 细胞，增殖机体细胞免疫反应。Bittle 根据 FMDV O1 型 VP1 氨基酸序列，化学合成 140～160 段氨基酸肽与载体蛋白偶联，能诱导保护豚鼠的中和抗体。Broekhuijsen 在 β-半乳糖苷酶 N 端连接 VP1 基因的 B 细胞和 T 细胞抗原表位单拷贝或多拷贝分子，用表达的融合蛋白接种豚鼠，能诱导高水平的中和抗体，刺激 T 细胞，产生细胞免疫应答，抵抗强毒的攻击。Clarke 利用乙型肝炎病毒核心蛋白能自我包装成类病毒粒子，将 FMDV 的 B 细胞和 T 细胞抗原表位连接到其蛋白质的 N 端，并在痘病毒中表达，其表达的融合蛋白在豚鼠和猪中都可诱导高水平的中和抗体。Chan将FMDV的VP1的141～160位和200～213位串联起来与猪IgG的重链基因的末端融合，用其表达产物免疫的猪，可以抵抗50LD_{50}的FMDV的攻击，免疫原性好，故具有诱人的应用潜力[38]。

邵明玉[39]设计以抗FMDV重组蛋白疫苗选择VP1蛋白为靶点，具体选择O型FMDV VP1的B细胞表位（140～160 aa）和T细胞表位（20～40 aa和200～213 aa）经多次重复组成FMD-VP1-Hetero6重组蛋白。采用基因工程的方法合成并且纯化获得了FMD-VP1-Hetero6重组蛋白，功能实验的结果显示，FMD-VP1-Hetero6刺激豚鼠产生了高滴度的保护性中和抗体，在乳鼠中和保护实验中，保护效价达到1∶1024。该研究在前人的基础上，设计了B细胞表位和两种不同T细胞表位交叉多次重复的疫苗结构，首次证明此重组蛋白免疫豚鼠的血清在乳鼠中和实验中对同型的FMDV的感染具有显著的保护作用[39]。

2.2.4　FMD核酸疫苗

核酸疫苗（nucleic acid vaccine）又称基因疫苗（genetic vaccine）或DNA疫苗（DNA vaccine），是一种将编码某种蛋白质抗原的真核重组表达载体直接注射机体，在宿主细胞中表达外源基因，诱导特异性体液免疫应答和细胞免疫应答，以达到预防和治疗疾病目的的新型疫苗。核酸疫苗是20世纪90年代随着基因治疗技术的发展而产生的一种全新疫苗，它的出现被誉为第三次疫苗革命。国内外有关FMD核酸疫苗的研究很多，但目前尚未获得成功应用于临床的商品。最早进行口蹄疫核酸疫苗研究的是Wolff，他将质粒接种于小鼠肌肉中[40]。FMD核酸疫苗研究较为成功的是Cedillo等[41]构建的一个包含编码病毒结构蛋白前体P1-2A，以及非结构蛋白3C和3D的质粒DNA，其中3C蛋白可以确保P1-2A前体裂解为VP0、VP1和VP3，从而使其自我组装成空衣壳，3D蛋白可提供对$CD4^+$ T细胞的额外刺激。用此质粒免疫猪后，同时出现抗FMDV和抗3D蛋白酶的抗体，连续免疫三次后，动物体内可以检测到中和抗体，强毒攻击后这些动物均能获得保护。

董金杰等[42]将亚洲I型口蹄疫病毒VP1基因、IL-18基因与表达载体pcDNA3.1（+）构建重组质粒pcDNAVI，以pcDNAVI免疫豚鼠，2周后加强免疫1次，每周用ELISA检测豚鼠血清中的抗体水平。结果表明，pcDNAVI可引发豚鼠产生体液免疫。IL-18是一种强有力的IFN-γ诱导剂，其生物学活性主要是通过调节IFN-γ的表达来提高机体的细胞免疫水平，达到预防和控制微生物感染、抑制肿瘤发生的目的；而且IL-18在诱导IFN-γ产生的能力方面比IL-12强，可以直接激活IFN-γ的启动；同时，选用的真核表达载体pcDNA3.1（+）中具有人巨细胞瘤病毒（CMV）早期增强子。已经证明，CMV启动子/增强子能够使其下游的目的基因在哺乳动物细胞中高水平表达。此研究为FMDV的DNA疫苗的研制奠定了基础。

霍晓伟[43]采集疫区牛的水疱液及水疱皮，经RT-PCR法扩增出AsiaⅠ型FMDV的前体蛋白基因P1-2A片段和蛋白酶基因3C片段，分别克隆至pMD18-T载体上，通过酶切、连接，获得质粒pMD18-T-P1-2A-3C。经酶切获得P1-2A-3C片段，插入真核表达载体pVAXiv pCMV启动子下游，构建pVAXiv P1-2A-3C真核表达载体，用脂质体法转染HeLa细胞，进行IFA检测。结果表明，AsiaⅠ型FMDV真核表达载体pVAXiv P1-2A-3C，经鉴定证明构建正确；转染HeLa细胞后，可见明显的黄绿色荧光，说明P1-2A-3C基因得到了表达，pVAXiv P1-2A-3C可作为AsiaⅠ型FMD核酸疫苗的候选疫苗。

口蹄疫严重影响畜牧业的发展，全世界每年都会因为口蹄疫的暴发造成巨大的经济损失。口蹄疫的多血清型及型间无交叉保护，为口蹄疫的控制带来巨大困难。因此，进一步深入研究口蹄疫免疫的特点，研制效果更好的新型疫苗，把不同的疫苗有机结合，可能会是一个解决问题的方向。例如，研制好的黏膜免疫疫苗、寻找更加合适的佐剂，并与常规灭活疫苗配合使用。

胡文发[44]报道，吸附壳聚糖海藻糖载FMD灭活抗原纳米微球疫苗、吸附壳聚糖PLGA载FMD质粒纳米微球疫苗，不仅能够诱导局部的鼻黏膜免疫应答，同时也能诱导机体产生系统性的体液免疫应答和细胞免疫应答。两种疫苗相比，吸附壳聚糖PLGA载FMD质粒纳米微球疫苗的免疫保护效果要优于吸附壳聚糖海藻糖载FMD灭活抗原纳米微球疫苗；纳米微球介导的FMDV抗原经牛鼻黏膜免疫后，能够抑制病毒RNA的复制，推迟疾病症状的出现，黏膜免疫能够对机体产生一定程度保护。Pan等[45]对制备的两种纳米鼻腔疫苗——壳聚糖包覆聚乳酸－聚羟基乙酸（PLGA）质粒DNA（Chi-PLGA-DNA）和壳聚糖海藻糖灭活口蹄疫病毒（FMDV）（Chi-Tre-灭活），通过鼻内途径用纳米颗粒免疫牛，结果表明，经鼻接种的壳聚糖包覆聚乳酸－聚羟基乙酸（PLGA）质粒DNA（Chi-PLGA-DNA）疫苗，刺激牛的黏膜、全身和细胞免疫水平高于接种壳聚糖海藻糖灭活口蹄疫病毒（FMDV）；壳聚糖包覆聚乳酸－聚羟基乙酸（PLGA）质粒DNA（Chi-PLGA-DNA）作为口蹄疫疫苗的鼻腔输送系统具有潜在的应用前景。

2014年，苏君鸿探讨了嗜酸乳杆菌对口蹄疫DNA疫苗的免疫增强作用。以BALB/c小鼠为实验动物，通过检测特异性抗体反应、T细胞增殖及细胞因子分泌等指标，观察了嗜酸乳杆菌SW1株对口蹄疫DNA疫苗（pRC/CMV-vp1）免疫反应的影响。实验结果表明，嗜酸乳杆菌SW1株能增强口蹄疫病毒特异性免疫反应。与对照组相比，嗜酸乳杆菌SW1株明显增强了pRC/CMV-vp1引起的口蹄疫病毒特异性抗体滴度。T细胞增殖实验表明，口服嗜酸乳杆菌SW1小鼠的脾脏细胞，经ConA和146S刺激后，细胞增殖的刺激指数值明显高于对照组。此外，实验还发现，受特异性抗原刺激后，口服嗜酸乳杆菌SW1小鼠脾脏细胞产生的IFN-γ浓度，以及脾脏淋巴细胞中IFN-γ分泌性细胞数量明显增加，提示 IFN-γ 在嗜酸乳杆菌 SW1 对口蹄疫 DNA 疫苗 pRC/CMV-vp1 的佐剂效应中可能起着重要的作用。实验结果表明，嗜酸乳杆菌 SW1 株是口蹄疫 DNA 疫苗（pRC/CMV-vp1）极具潜力的候选口服免疫增强剂 [34]。因此，口蹄疫 DNA 疫苗与理想的免疫增强剂配合使用可增强对口蹄疫的免疫效果。当然，这种策略应该在口蹄疫病毒自然宿主（如牛、猪）上进行进一步评估 [46]。

2.2.5 FMD重组活载体疫苗

病毒活载体疫苗是以无病原性、弱毒疫苗株的病毒或细菌等作为携带保护性抗原基因的载体，不仅使动物对与外源基因有关的病原微生物的侵染产生免疫保护，还使动物对作为载体的病原也产生免疫。近年来，活载体病毒在 FMD 疫苗的研制中显示出很大潜力和发展前景。

活载体病毒在 FMD 疫苗研究中应用较广泛的是痘病毒活载体疫苗。痘病毒具备诸多优点：在体外可以保持很高的滴度，易保存，不易丧失感染性；在细胞培养中，较大的基因组可以使其缺失很多非必需氨基酸而不影响其复制；重组的痘病毒非常稳定，因此，痘病毒的研究和开发较广泛。尤其是 Berinstein 等将 FMDV P1 基因重组入痘病毒，免疫牛和小鼠后发现，中和抗体滴度很高，动物产生较强的免疫应答，抗病毒保护效果好 [47]。Zheng 等用鸡痘病毒作为载体构建了表达口蹄疫病毒 P1-2A 和 3C 基因的重组疫苗，接种小鼠和豚鼠后均表现出理想的免疫效果，并且在豚鼠攻毒试验中可抵抗同源病毒的攻击 [48]。金明兰等 [49] 将口蹄疫病毒衣壳蛋白前体 P1-2A 基因和蛋白酶 3C 基因重组入鸡痘病毒表达载体中，构建了重组鸡痘病毒，免疫小鼠后，可产生较高水平的特异性抗体。Ma 等将口蹄疫病毒的衣壳蛋白 P1-2A 基因、3C 编码区、猪白细胞介素 18 基因导入鸡痘病毒基因组中，免疫接种动物后，可产生对 O 型口蹄疫病毒的部分保护作用 [50]。但是，随之也发现痘病毒有一定的局限性，主要是痘病毒能够感染很多宿主，易通过接触方式传染，对少数健康动物有轻微的反应，而对免疫力低下的动物发生严重的副作用。这无疑提示痘病毒的研究和开发应选择宿主范围较窄的羊痘病毒和猪痘病毒。

除痘病毒外，目前用于病毒活载体疫苗的载体还有人的腺病毒、杆状病毒、疱疹病毒、致弱的传染性鼻气管炎病毒、脊髓灰质炎病毒和弱化的非洲猪瘟病毒等 [51 ～ 56]。

尽管活载体疫苗的研究取得了很大进步，而且有许多病毒被用于表达外源基因的病毒载体，这些重组疫苗在兽医领域里起着很重要的作用。但迄今为止，还没有一个完善的病毒载体，这主要是由于活载体疫苗在实际应用中还有很多没有解决的难题，如重组病毒向环境中散毒是否安全、病毒返祖或者与野毒株发生同源重组概率高低、已经产生和存在的免疫对病毒载体的干扰、宿主遗传因素的差异对免疫效果的影响等无法确知的因素，这使重组活载体疫苗的发展和应用受到限制。

2.2.6 FMD基因缺失疫苗

基因缺失疫苗是应用基因工程技术把强毒株中与毒力相关的基因敲除后构建的弱毒或无毒的活疫苗。基因缺失疫苗以其安全、毒力不易返强、可诱导对病毒多种抗原的免疫应答、免疫力稳定、免疫期长等优点，受到许多研究者的青睐；而且研究证实，在使用基因缺失疫苗的同时，可以将缺失基因的表达产物制备成诊断试剂，从而把自然感染和疫苗免疫的动物区分开。

世界上第一个基因工程缺失疫苗是由美国的 Baylor 医学院和 Texas 大学联合研制成功的一株伪狂犬病基因缺失疫苗。受这一研究及随后不同实验室成功结果的启发，许多研究者也开始致力于口蹄疫基因缺失疫苗的研究。FMDV 的三维结构表明，其表面显著的特征是其 VP1 的 βG-H 链之间形成一个在大多情况下不规则的环，该环具有灵活性，但其上包含了一个高度保守的精氨酸－甘氨酸－天冬氨酸序列（RGD），RGD 序列是病毒与细胞结合所必需的。Mason 等[57]构建了一株缺失 RGD 序列而无法与细胞结合的病毒，以保证其毒力恢复的可能性最小。将该变异株接种牛后，能够保护牛免受病毒的攻击。由此证明，RGD 缺失的病毒可以作为当前生产口蹄疫疫苗的备选者。Almeida 等[58]构建了一株缺失 L 蛋白酶编码区的 FMDV 变种（A12-LLV2），它在 BHK21 细胞中的生长速度比野生型毒株全长感染性克隆（A12-1C）慢；在乳鼠试验中，并没有像野生毒株那样从皮下接种的动物传播到未接种的健康动物；经空气传播感染 A12-LLV2 后，其毒力较野毒苗弱，且很少分布于呼吸道和蹄部上皮组织；单剂量接种 A12-LLV2 后，能够诱导机体产生快速的免疫反应，而且其产生的保护力水平与灭活苗诱导的相近。由于其 L 蛋白酶完整编码区的缺失，使其毒力返强的可能性明显降低，而且它的非致病性和不能在动物个体间传播的特性均使其在疫苗生产中减少了传统疫苗所具有的危险。基因缺失疫苗 A12-LLV2 作为活苗和弱毒苗有一定的潜力。虽然基因缺失疫苗在很多方面克服了传统疫苗和其他新型疫苗的弊端，但因 FMDV 宿主范围广，病毒易发生变异，所以仍需大量的临床实验来确证。

2.2.7 FMD反向遗传疫苗

利用反向遗传技术对口蹄疫病毒基因的改造和修饰，可以实现对疫苗种毒的生产性能、抗原匹配性、抗原稳定性、免疫应答能力、生物安全性等特征的改良，能够迅速获得预期生物学特性的疫苗候选株，进而可以减少和避免流行毒株驯化环节带来的负面影响。这不仅改变了对流行毒株筛选驯化受病毒自然属性制约、费时费力、成功率低的缺陷，而且可以实现更为主动有效的疫苗毒株的设计，对整体提升疫苗品质和效力具有重大意义[59]。

研究发现 O 型口蹄疫病毒的复制与病毒 RNA 3′ 端非编码区（3′ UTR）的

茎环结构有关[60]。中国农业科学院兰州兽医研究所科研人员选取RNA 3′端非编码区茎环SL结构未突变的O/CHA/09感染性全长cDNA作为骨架构建重组质粒rA /P1-FMDV，重组质粒转染细胞后得到的病毒在BHK细胞中生长特性与O/CHA/99相似，而且也缩短了重组毒株在细胞中的病变时间，更重要的是重组病毒在BHK细胞的病毒滴度与流行毒株A/WH/CHA/09相比有明显的提高，通过替换P1基因，获得了与流行毒株很好的抗原匹配性。测序比较第5～30代重组毒株序列，结果显示它们具有很高的同源性，而且氨基酸几乎没有差异，表明该重组毒株具有稳定的遗传特性，且该疫苗株已经获得了原农业部批准的新兽药证书[61]。该研究成果对于提高疫苗生产性能具有重要作用。

国内外科研人员利用反向遗传学技术在提高FMDV的抗原匹配性[59]、病毒抗原性[61]、热稳定性疫苗[62,63]、酸稳定疫苗[64]、免疫应答能力[65]、生物安全性[66]、区分自然感染和免疫的标记疫苗株[67]及核酸疫苗[68]等方面取得了积极的进展与成果。传统灭活疫苗在口蹄疫的防控中发挥了重要的作用，但还存在诸多问题，反向遗传技术提供了解决这些问题的办法，能够满足防控口蹄疫对疫苗的技术需求，对口蹄疫新型疫苗的研制和高效疫苗研制有重要的指导和推进作用。随着反向疫苗逐步实现产业化，将为口蹄疫防控提供重要的技术支撑。

综上所述，自FMD流行以来，人类就为防制和消灭FMD不懈地努力。很多国家对该病投入了巨大的人力和物力，但目前该病的防制和消灭仍然很棘手。从FMD疫苗的研究和发展状况来看，分子生物学和基因工程技术为FMD的研究提供了重要的方法和手段，新型疫苗的研究进展日新月异、鼓舞人心。相信不久的将来，一定会研制开发出一种或数种性能稳定、免疫效果确实、安全性好、成本低廉、使用方便、易贮存和运输的新型FMD疫苗。因此，对新型疫苗加快实验室研究进程并使其产业化，以取得更大的经济效益和社会效益，这是今后努力的方向。

2.3 免疫效果和水平监测

无论是紧急接种还是常规免疫，实施计划免疫的国家和地区要适时监测使用疫苗后动物群体的免疫效果和免疫水平。这样一方面可以及时掌握动物群体抵御强毒侵袭的能力，为加强免疫和及时补针提供依据；另一方面，可以了解疫苗的实际防疫效果，对改进和提高疫苗效力及接种质量有积极的推动作用。

FMD病毒的免疫机制主要是T细胞依赖性体液免疫应答机制，无论是自然感染动物，还是疫苗免疫动物，都会产生特异性抗体。免疫动物的血清抗体水平与抗强毒侵袭的免疫保护有一定的正相关。因此，监测动物血清抗体水平，可以间接反映免疫效果和水平。对已经实施了免疫接种的群体动物而言，因为动物的品种和个体生理状态的不同，所产生的免疫应答水平势必有差异，必须监测免疫动物的群体抗体水平，以评估动物群体的免疫水平和抗感染能力。

目前，用于动物群体免疫效果监测的方法主要有两种。第一种是病毒中和试验，FMD 病毒接种敏感细胞（如 BHK 等）后，在光学显微镜下可见到特定的生物学效应。血清中的中和性抗体能阻断 FMD 病毒产生的这种生物学效应。该方法是以这种生物效应来指示和量化抗体与活病毒的反应程度，测定免疫血清中和抗体滴度。免疫血清中和抗体滴度是指能保护 50% 细胞免于出现致细胞病变效应的血清最高稀释度，它是除本动物保护试验之外，能较为客观准确地反映免疫动物抵抗感染的量化指标之一。该方法操作较为简便，结果可靠，分为常量法、半微量法、微量法三种。微量法是 OIE 国际贸易指定的方法，该法的缺点是须动用活毒，只能在专门的实验室进行。第二种监测方法是 ELISA，该方法利用酶对底物的催化反应特性，将酶与抗体偶联并使之参与到抗原抗体反应中，依据酶催化底物所发生的变色反应程度，来指示和量化抗原抗体的反应水平，其优点是敏感、特异、重复性好、安全、操作简便。目前，联合国粮食及农业组织（FAO）、OIE 和原子能机构（LAEA）已向世界各国推行及推荐该方法，以部分替代病毒中和试验。

参考文献

[1] 农业部畜牧兽医司 . 家畜口蹄疫及其防制 [M]. 北京 : 中国农业科技出版社 , 1994: 1-57.

[2] Aggarwal N, Zhang Z, Cox S, et al. Experimental studies with foot-and-mouth disease virus strain O responsible for the 2001 epidemic in the United Kindom [J]. Vaccine, 2002, 20: 2508-2515.

[3] 谢庆阁 . 口蹄疫 [M]. 北京 : 中国农业出版社 , 2004: 545-590.

[4] Brown F. New approaches to vaccination against foot-and-mouth disease [J]. Vaccine,1992, 10: 1022-1026.

[5] Barteling SJ, Vreewijk J. Development in foot-and-mouth disease vaccines [J]. Vaccine, 1992, 9: 75-88.

[6] Doel TR. Optimisation of the immune response to foot-and-mouth disease vaccines [J]. Vaccine, 1999, 17: 1767-1771.

[7] Mowat GN, Ehapman WG. Growth of foot-and-mouth disease virus in a fibvolastic cell line drived from Hamster Kindney [J]. Nature, 1962, 194: 252-255.

[8] Bachrach HD, Moor DM, Mekercher PD, et al. Immune and antibody responses to an isolation capsid protein of foot-and-mouth disease virus [J]. Immunal, 1975, 115: 1636-1641.

[9] Boothroyd JC, Highfield PE, Cross GAM, et al. Molecular cloning of foot-and-mouth disease virus genome and nucleotide sequences in the structural protein genes [J]. Nature, 1981, 290: 800-802.

[10] Kleid DG, Yansuura D, Small B, et al. Cloned viral protein vaccine foot-and-mouth disease: Responses in cattle and swine [J]. Science, 1981, 214: 1125-1129.

[11] Grubman MJ, Lewis SA, Morgan DO,et al. Protection of swine against foot-and-mouth disease with viral capsid proteins expressed in heterologous systems [J]. Vaccine, 1993, 11: 825-829.

[12] 王森 . 表达口蹄疫病毒 VP1 蛋白的重组乳酸杆菌对豚鼠黏膜免疫的效果研究 [D]. 兰州 : 中国农业科学院兰州兽医研究所硕士学位论文 , 2015.

[13] Mason HS, Lam DMK, Armtzen CJ. Expression of hepatitis B surface antigen in transgenic plants[J]. Pro Nat Acad Sci USA, 1992, 89: 11745-11749.

[14] Fischer R, Emans N. Molecular farming of pharmaceutical protein [J]. Transgenic Res, 2000, 9: 279-299.

[15] Carrillo C, Wigdorovitz A, Oliveros JC, et al. Protective immune response to foot-and-mouth disease virus with VP1 expressed in transgenic plants [J]. Virol, 1998, 72(2) 1688-1690.

[16] Wigdorovitz A, Filgueira DMP, Robertson N, et al. Protective of mice against challenge with foot-and-mouth disease virus（FMDV）by immunization with foliar extracts from plants infected with recombinant tobacco mosaic virus expressing the FMDV structural protein VP1 [J]. Virol, 1999, 264: 85-91.

[17] Carrillo C, Wigdorovitz A, Trono K, et al. Induction of a virus –specific antibody response to foot-and-mouth disease virus using the structural protein VP1 expressed in transgenic potato plants [J]. Viral Immunol, 2001, 14: 49-57.

[18] Wigdorovitz A, Carrillo C, Maria J, et al. Induction of a protective antibody response to foot-and-mouth disease virus in mice following oral or parenteral immunization with alfalfa transgenic plants expressing the viral structural protein VP1 [J]. Virol, 1999, 255: 347-353.

[19] Dus Santos MJ, Wigdorovitz A, Trono K, et al. A novel methodology to develop a foot-and-mouth disease virus（FMDV） peptide-base vaccine in transgenic plants [J]. Vaccine, 2002,20:1141-1147.

[20] Dus Santos MJ, Carrillo C, Ardila F, et al. Development of transgenic alfalfa plants containing the foot and mouth disease virus structural polyprotein gene P1 and its utilization as an experimental immunogen [J]. Vaccine, 2005, 23（15）: 1838-1843.

[21] 李昌 , 金宁一 , 王罡 , 等 . 基因枪法转化马铃薯及转基因植株的获得 [J]. 作物杂志 , 2003（1）: 12-14.

[22] 孙萌 . 口蹄疫病毒 VP1 抗原基因在模式植物叶绿体中的重组和表达 [D]. 杭州 : 浙江大学博士学位论文 , 2003.

[23] 王宝琴 , 张永光 , 王小龙 , 等 . FMDV VP1 基因在烟草中的表达及转基因烟草对小鼠免疫效果的研究 [J]. 中国病毒学 , 2005, 20（2）:140-144.

[24] 王宝琴 , 张永光 , 王小龙 , 等 . FMDV VP1 基因在百脉根中的转化和表达 [J]. 中国病毒学 , 2005, 20（5）: 526-529.

[25] Pan L, Zhang YG, Wang YL, et al. Foliar extracts from transgenic tomato plants expressing the structural polyprotein, P1-2A, and protease, 3C, from foot-and-mouth disease virus elicit

a protective response in guinea pigs[J]. Veterinary Immunology and Immunopathology,2008, 121: 83-90.

[26] Pan L, Zhang YG, Wang YL, et al. Expression and detection of the FMDV VP1 transgene and expressed structural protein in *Arabidopsis thaliana*[J]. Turk J Vet Anim Sci,2011; 35（1）:1-8.

[27] Arntzen CJ, Haq TA, Mason HS, et al. Oral immunization with a recombinant bacterial antigen produced transgenic plants[J]. Science, 1995, 268: 714-716.

[28] Tacket CO, Mashon HS. A review of oral vaccination with transgenic vegetables[J]. Microbes and Infection, 1999, 1: 777-783.

[29] Peter B, Mc Garvey, John H, et al. Expression of the rabies virus glycoprotein in transgenic tomatoes[J].Bio Technology, 1995, 13:1484-1487.

[30] Mashon HS, Haq TA, Clements JD, et al. Edible vaccine protects mice against *Escherichia coli* heat-labile enterotoxin（LT）: potatoes expressing a synthetic LT-B gene [J]. Vaccine, 1998, 16（13）: 1336-1343.

[31] Thanavala, Y, Yang YF, Lyons P, et al. Immunogenicity of transgenic plant-derived hepatitis B surface antigen [J]. Pro Natl Acad Sci USA, 1995, 92: 3358-3361.

[32] Wigdorovitz A, Carrillo C, Maria J, et al. Induction of a protective antibody response to foot and mouth disease virus in mice following oral or parenteral immunized with alfalfa transgenic plants expressing the viral structural protein VP1[J]. Virology, 1999, 255: 347-353.

[33] Arakawa T, Chong DK, Langridge WH. Efficacy of a foot plant-based oral cholera toxin B subunit vaccine[J]. Nature Biotechnology, 1998, 16: 292-297.

[34] Mateu MG. Antibody recognition of picornaviruses and escape from neutralization: a structural view [J]. Virus Res, 1995, 38:1-24.

[35] Francis MJ, Hastings GZ, Clarke BE, et al. Neutralizing antibodies to all seven serotypes of foot-and-mouth disease virus elicited by synthetic peptides [J]. Immunol, 1990, 69: 171-176.

[36] 郑兆鑫，赵洪兴. 编码口蹄疫病毒 VP1 免疫活性肽基因片段的化学合成及克隆与表达 [J]. 病毒学报，1989, 5: 41-44.

[37] 肖怀红，张爱民，陈兴芳，等. 猪口蹄疫 O 型合成肽疫苗的系统试验报告 [M]. 中国畜牧学会口蹄疫学分会第九次全国口蹄疫学术研讨会论文集. 2003: 254-279.

[38] Chan EW, Wong HT, Cheng SC, et al. An immunoglobulin G based chimeric protein induced foot-and-mouth disease specific immune response in swine[J]. Vaccine, 2000, 19（4-5）:538-546.

[39] 邵明玉. 口蹄疫 VP1 表位六聚体（FMDV-VP1-Hetero6）重组蛋白疫苗 [D]. 长春：吉林大学博士学位论文，2004.

[40] Wolff JA, Malone RW, Williams P, et al. Direct gene transfer into mouse muscle *in vivo* [J]. Science, 1999, 247: 1465-1468.

[41] Cedillo BL, Foster M, Belsham GJ, et al. Introduction of a protective response in swine

vaccinated with DNA encoding foot-and-mouth disease virus empty capsid proteins and the 3D RNA polymerase [J]. Den Virol, 2001, 82: 1713-1724.

[42] 董金杰，王永录，张永光，等．亚洲I型口蹄疫病毒 VP1 基因真核表达载体的构建及其免疫活性的初步分析 [J]. 中国兽医科技，2005, 35（6）: 461-464.

[43] 霍晓伟，金宁一，鲁会军，等．Asia 1 型口蹄疫病毒 P1-2A-3C 基因真核表达质粒的构建及鉴定 [J]. 中国生物制品学杂志，2008, 21（5）: 37-373, 377.

[44] 胡文发．纳米微球介导 FMDV 抗原鼻内免疫诱导的黏膜免疫应答及抗病毒免疫保护效果 [D]. 兰州：中国农业科学院兰州兽医研究所硕士学位论文，2013.

[45] Pan L, Zhang ZW, Lv JL, et al. Induction of mucosal immune responses and protection of cattle against direct-contact challenge by intranasal delivery with foot-and-mouth disease virus antigen mediated by nanoparticles[J]. International Journal of Nanomedicine, 2014, 9: 5603-5618.

[46] 苏君鸿．嗜酸乳杆菌是对健康及口蹄疫疫苗接种小鼠的免疫调节作用 [D]. 兰州：中国农业科学院兰州兽医研究所学位论文，2014.

[47] Berinstein A, Tami C, Taboga, et al. Protective immunity against foot-and-mouth disease virus induced by a recombinant vaccinia virus [J]. Vaccine, 2000, 18: 2231-2238.

[48] Zheng M, Jin NY, Zhang HY, et al. Construction and immunogenicity of a recombinant fowlpox virus containing the capsid and 3C protease coding regions of foot-and-mouth disease virus[J]. J Virol Methods, 2006, 136（1-2）: 230-237.

[49] 金明兰，金宁一，露会军，等．重组口蹄疫鸡痘病毒 Vutl3CP1 的构建及其遗传稳定性和免疫原性 [J]. 中国生物制品杂志，2008, 21（5）: 360-363.

[50] Ma X, Jin NY, Shen GS, et al. Immune responses of swine inoculated with a recombinant fowlpox virus co-expressing P12A and 3C of FMDV and swineIL-8[J]. Vet Immunopathol, 2010, 121（1-2）: 1-7.

[51] 刘湘涛，张强，郭建宏．口蹄疫 [M]. 北京：中国农业出版社，2015: 388-398.

[52] Mayr GA, Chinsangaram J, Grubman MJ, et al. Development of replication-defective adenovirus serotype 5 containing the capsid and 3C protease coding of foot-and-mouth disease virus as a vaccine candidate [J]. Virol, 1999, 26（3）: 496-508.

[53] May G. Immune responses and production against foot-and-mouth disease virus（FMDV）challenge in swine vaccinated with adenovirus-FMDV constructs [J]. Vaccine, 2001, 19（15-16）: 2151-2162.

[54] Chinsangaram J. Novel viral disease control strategy: Adenovirus expressing alpha interferon rapidly protects swine from foot-and-mouth disease [J]. Virol, 2003, 77（2）: 1621-1625.

[55] Du Y, Dai J, Li Y, et al. Immune responses and recombinant adenovirus co-expressing VP1of foot-and mouth disease virus and porcine interferon alpha in mice and guinea pigs[J]. Vet Immunol Immunopathol, 2008, 124（3-4）: 274-283.

[56] Charles C, Abrams H, Andrew MQ, et al. Assembly of foot-and-mouth disease virus empty capsids synthesized by a vaccinia virus expression system [J]. Gen Virol, 1995, 76: 3089-3098.

[57] Mason PW, Piccone ME, Mckenna TSC, et al. Evaluation of a live-attenuated foot-and-mouth disease virus as a vaccine candidate [J]. Virol, 1997, 227: 96-102.

[58] Almeida MR, Rieder E, Chinsangaram J, et al. Construction and evaluation of an attenuated vaccine for foot-and-mouth disease: difficulty adapting the leader proteinase-deleted strategy to the serotype O1 virus [J]. Virus Res, 1998, 55: 49-60.

[59] 杨波，杨帆，王松豪，等. 口蹄疫反向疫苗研究进展 [J]. 病毒学报，2014, 30（2）: 213-220.

[60] Rodriguez PM, Sobrino F, Borrego B, et al. Attenuated foot-and-mouth disease virus RNA carrying a deletion in the 3′non-coding region can elicit immunity in swine [J]. J Virol, 2009, 83（8）: 3475-3485.

[61] Li P, Bai X, Lu Z, et al. Construction of a full length infectious cDNA clone of genotypic chimeric foot-and-mouth disease virus[J]. Acta Microbiologica Sinica, 2012, 52（2）: 114 -119.

[62] Mateo R, Luna E, Rincon V, et al. Engineering viable foot-and-mouth disease viruses with increased thermo-stability as a step in the development of improved vaccines[J]. J Virol, 2008, 82（24）:12232-12240.

[63] Porta C, Kotecha A, Burman A, et al. Rational engineering of recombinant picornavirus capsids to produce safe, protective vaccine antigen[J/O L]. PLoS Pathogens, 2013, 9（3）: e100 3255.

[64] Martin-Acebes MA, Vazquez-Calvo A, Rincon V, et al. A single amino acid substitution in the capsid of foot-and-mouth disease virus can increase acid resistances[J]. J Virol, 2011, 85（6）: 2733-2740.

[65] Segundo FD, Weiss M, Perez-Martin E, et al. Inoculation of swine with foot-and-mouth disease SAP-mutant virus induces early protection against disease[J]. J Virol, 2012, 86（3）: 1316-1327.

[66] Uddowla S, Hollister J, Pacheco JM, et al. A safe foot-and-mouth disease vaccine platform with two negative markers for differentiating infected from vaccinated animals[J]. J Virol, 2012, 86（21）: 11675-11685.

[67] Seago J, Juleff N, Moffat K, et al. An infectious recombinant foot-and-mouth diseasevirus expressing a fluorescent marker protein[J]. J Gen Virol, 2013, 94（P t 7）: 1517-1527.

[68] Pulido M R, Sobrino F, Borrego B, et al. RNA immunization can protect mice against foot-and-mouth disease virus[J]. Antiviral Research, 2010, 85（3）: 556-558.

3 植物反应器生产医用蛋白的研究进展

近年来，植物作为生物外源蛋白的天然生物反应器（natural bioreactor），生产疫苗、抗体、活性多肽等医用蛋白的研究取得了可喜的进展，该领域的研究成为21世纪又一新热点。人生长因子[1]、干扰素[2]及血清白蛋白[3]在植物中成功表达，证明了植物表达系统的巨大潜力。Hiatt等[4]和During等[5]分别在烟草中成功表达了具有生物活性的抗体，成为植物生产医用蛋白研究中的里程碑，揭开了以植物反应器生产异源蛋白的新篇章。Curtiss及Cardineau[6]将链球菌突变株表面蛋白抗原（surface protein antigen A, SpaA）基因转入植物进行试验研究。Mason等[7]首先提出了用转基因植物生产医用疫苗的新思路。随后美国有几个研究小组和几家生物公司利用基因工程玉米及其他植物来制造人的单克隆抗体，希望这种称为“魔弹”的单抗能治疗癌症、阻挡传染病传播、避孕，甚至防止蛀牙[8]。植物反应器以其成本低廉、安全、不造成病原微生物污染、表达产物无毒性且无副作用、具有良好的免疫原性和生物活性、可大规模生产等优点，将成为生产诸多医用蛋白的分子农场（molecular farming）[9]。本章就目前转基因植物疫苗研究的基本流程，对转基因植物疫苗、抗体、活性多肽等医用蛋白的研究现状及其生物安全性评价等方面概述如下。

3.1 转基因植物生产疫苗的基本流程和表达系统

转基因植物疫苗或植物疫苗（transgenic plant vaccine, plant-base vaccine）是指把植物基因工程技术与机体免疫机制相结合，生产出能使机体获得特异性抗病能力的疫苗。转基因植物生产疫苗的基本过程如下：目的抗原基因的获得；构建植物表达载体；通过直接法（基因枪法、电激法等）或间接法（农杆菌介导法等）将含有目的基因的表达载体导入植物细胞，外源基因随即整合到植物细胞基因组中；进行愈伤组织的诱导和分化及转基因植株的再生；最后进行表达水平和免疫原性的测定等。

目前主要有两种表达系统：一是稳定的整合表达系统，把编码抗原表位并参与诱导保护性免疫应答的病原体DNA序列导入植物细胞内，然后整合到细胞染色体上，整合了外源基因的植物细胞在一定条件下可生长成新的植株，这些植株在生长过程中可表达出有免疫原性的蛋白质（疫苗），并将这种性状遗传给子代，形成表达疫苗的植物品系；二是瞬时表达系统，主要是利用植物病毒为载体，将编码疫苗抗原决定簇基因序列插入植物病毒基因中，用此重组病毒感染植物，抗原基因随病毒在植物体内复制、装配而得以高效表达。由于每个寄主植株都要接种病毒载体，所以瞬时表达不易起始，但可获得高产量的外源蛋白。Janssen 和 Gardner 用叶盘法转化矮牵牛时发现，瞬时表达产物量比稳态表达产物量至少高 1000 倍。严格来讲，瞬时表达系统不属于转基因植物的范畴，因为病原基因并未整合进植物基因组中。比较两种表达系统，前者表达量较高，但存在植株不能稳定遗传、现有的植物病毒载体侵染的植物宿主范围有限等缺点；后者易获得大量稳定表达和生产多价复合疫苗的植株，而且通过特异性表达启动子使抗原基因在器官或组织中特异性表达。

3.2 转基因植物疫苗的研究概况

分子生物学的发展使由特定的抗原诱导保护性免疫应答成为可能。为避免使用活的病毒或其他病原微生物，常采用基因工程技术分离相应的抗原基因，然后克隆到一个合适的表达载体中（如大肠杆菌表达系统）生产亚单位疫苗，以确保疫苗的安全性。传统的亚单位疫苗因生产成本昂贵、容易失活（需特殊的冷链系统进行储藏和运输）而限制了生产和使用。于是，人们试图利用转基因植株的可食器官生产抗原以用作口服疫苗。据统计，全球每年有约 200 万儿童死于因无法接种百日咳、破伤风、麻疹、脊髓灰质炎和结核杆菌疫苗，在贫困落后地区尤为严重。因此，WHO 提出了研制价廉且可口服的疫苗的新策略。转基因植物生产疫苗的策略就是在这种背景下应运而生的。

Curtiss 和 Cardineau[6] 将 SpaA 抗原基因转入烟草获得表达，其表达的蛋白质在叶片中占总可溶蛋白的 0.02%，将含 SpaA 的转基因烟草饲喂小鼠后诱导了抗 SpaA 的黏膜免疫应答，虽然小鼠最终未能抵抗原病原菌链球菌的攻击，但所诱导的抗体证明具有生物活性，并能产生中和反应。Arntzen[7] 领导的研究小组将乙型肝炎表面抗原（HBsAg）基因转入烟草获得转基因植株，转基因烟草中 HBsAg 的表达水平为总可溶蛋白的 0.01%。从转基因烟草叶片中提取的 HBsAg 组分为平均直径 22 nm 的颗粒，其浮力密度和免疫原性与人和酵母来源的 HBsAg 都相似，表明在植物中成功地保持了原蛋白质折叠的特性。以重组的 HBsAg 免疫小鼠，其免疫反应与商品化的 HBsAg 疫苗相似，产生了 IgM 和所有 IgG 亚类，并使 T 细胞增殖。这表明转基因植物表达的抗原保留了激发 B 细胞和 T 细胞免疫反应的特异抗原决定簇。近 10 年来，相继在莴苣 [10]、马铃薯 [11]、番茄 [12] 等多种植物中表达了 HBsAg，烟草和马铃薯表达霍乱毒素 B 亚基（CT-B）[13] 与大肠杆菌肠毒素 B 亚基（LT-B）[14]，烟草表达人类巨细胞病毒（HCMV）表面蛋白 [15,16]，烟草表达传染性胃肠炎病毒的 S 蛋白（TGEV-S）[17]，烟草和马铃薯生产诺沃克病毒衣壳蛋白（NVCP）[18]。刘德虎等[19]也在马铃薯和番茄中成功表达了 HBsAg，将转基因马铃薯饲喂小鼠后，在血清中检测到了 10 mIU 滴度以上的抗体，已申请了国家发明专利。Carrillo 等[20]将口蹄疫病毒结构蛋白 VP1（FMDV-VP1）基因插入双元载体 pRok1，构建重组载体 pRok1VP1，使 FMDV-VP1 基因在拟南芥中表达。Welter 等[21]将表达了传染性胃肠炎病毒 S 蛋白的转基因马铃薯饲喂给猪，用该病毒攻击后发现猪发病率降低 46%，死亡率降低 40%。Wigdorovitz 等[22]成功地在苜蓿中表达了 FMDV-VP1 基因，并用该苜蓿叶提取物进行口服和肠外免疫小鼠，均获得了理想的免疫应答。王宝琴等[23,24]通过根癌农杆菌介导法，将阿克苏（Akesu/O/58）FMDV 结构基因 VP1 转入烟草和豆科牧草百脉根，并且 VP1 基因在所转化的烟草和百脉根中能进行转录和有效翻译，所表达的蛋白质能够正确折叠，具有一定的生物活性和免疫原性。用 FMDV-VP1 阳性转基因烟草免疫小鼠后，小鼠能够产生特异抗体，并且对同源 FMDV 有一定抵抗能力。Li[25,26]将口蹄疫结构基因 P1-2A、蛋白酶和 3C 基因转化到番茄，将结构基因 VP1 转化到拟南芥中均获得高表达植株，转基因植株粗提物免疫豚鼠后获得较理想的免疫效果。这些研究结果支持了利用转基因牧草植物生产可饲化疫苗的观点。

转基因植物疫苗除细菌、病毒疫苗外，转基因寄生虫疫苗和避孕疫苗也是目前研究的热点。Turpen 等[27]将编码疟原虫抗原决定簇基因插入烟草花叶病毒外壳蛋白的基因编码区中，使疟原虫抗原与烟草花叶病毒外壳蛋白的表面环区或与其 C 端融合，构建成植物病毒载体，然后用它感染烟草，经感染的烟草都产生高水平的融合蛋白。经 ELISA 和 Western Blot 分析证实，重组外壳蛋白被相应的单克隆抗体识别。Fitchen 等[28]将小鼠 ZP3 蛋白（受精过程中充当精子受体，是免疫避孕的一个靶位）的一个含 13 个氨基酸残基的抗原决定簇融合表达在烟草花叶病毒的衣壳蛋白中，感染的植物产生高水平的融合蛋白，将感染植物中提取的融合蛋白免疫小鼠，小鼠产生了抗 ZP3 的特异性血清抗体，该抗体能识别 ZP3 的合成肽，且发现透明带聚集有抗 ZP3 抗体，由此达到避孕目的。

3.3 转基因植物疫苗的临床应用

基于转基因植物疫苗在实验动物方面的成功试验，1997 年美国食品药品监督管理局批准了进行首例转基因植物疫苗的临床试验。共有 14 名健康志愿者参加此次临床试验，其中 11 人口服了表达细菌腹泻疫苗 LT-B（大肠杆菌热不稳定毒素 B 亚基）的转基因马铃薯 50～100 g，另外 3 人口服非转基因的生马铃薯为对照。结果发现，11 人中有 10 人的血清和排泄物中检测到较高水平的 LT-B 特异性抗体，而对照组中 3 人均未检测到特异性抗体。口服转基因马铃薯产生的 LT-B

抗体水平相当于 10^6 个含内毒素的大肠杆菌刺激机体产生的免疫应答水平。此项临床试验结果说明，转基因马铃薯生产的 LT-B 免疫原经人体口服后能诱导人体的免疫应答，而且转基因植物组织能够保护 LT-B 免疫原不被消化道分泌的消化液降解[29]。Kapusta 等[10]将含 HBV 抗原的转基因莴苣给 3 名志愿者服用，在 2 个月内进行两次口服免疫试验，第二次免疫后的第 2 周，3 名受试者中 2 人的血清抗体滴度超过了 10 IU/L，引起显著的系统免疫应答并能起到一定的保护作用。另外，利用马铃薯表达的乙肝表面抗原和诺沃克病毒抗原也作为口服疫苗进行了Ⅰ期和Ⅱ期临床试验。上述 3 种植物来源的口服疫苗临床试验证明，植物组织确实能够保护免疫原通过消化道，免疫原不需要佐剂均能够诱导机体产生系统和黏膜免疫，而且食用转基因植物后无明显不良副作用。

综上所述，转基因植物疫苗可以通过直接口服和肠外接种的方式进行免疫，能诱导黏膜和系统免疫。但仍有许多问题待于解决，如提高原蛋白表达量、最大限度地发挥抗原激活免疫系统的能力、避免本来应该增强免疫应答的疫苗发生免疫抑制、免疫耐受及潜在危害性等。转基因植物疫苗代表了新一代不用打针就可以进行免疫的疫苗，其经济、方便的诱人前景势必使科学家对其开展进一步的研究和完善。

3.4　转基因植物抗体的研究概况

抗体与抗原的结合作用已广泛应用于生物学和医学领域，许多不能天然产生抗体的宿主生物正在发展用来生产抗体。植物可以产生多种重组抗体，又称植物抗体（plantibody），包括具有抗原结合活性的抗体小片段到大的多聚抗体复合物，这些发展使农作物大规模生产抗体成为可能。

自从 Hiatt 和 During 分别把小鼠杂交瘤细胞 IgG 分子的轻链和重链导入烟草，有性杂交得到 F_1 代，成功表达了有活性的单克隆抗体后[4,5]，人们就试图在植物中生产各种植物抗体。Ma 等把一种口腔疾病的致病菌——链球菌表面抗原（SA Ⅰ/Ⅱ）的抗体基因导入烟草，在转基因烟草中得到了杂交的 IgA-IgG 分子，并证明这种分子可引起链球菌的集聚，从而防止口腔疾病，抵抗人类消化系统蛋白水解酶的消化[30]。他们还把来自小鼠的一个单克隆抗体的轻链、一个杂交的 IgG/IgA 重链、一个 J 链和一个来自兔的分泌成分分别转入烟草，得到 4 个转基因烟草株系。通过连续杂交后，得到表达 4 种蛋白分子的子代。这 4 种蛋白质在子代植物中经加工后正确组装成一个有免疫活性的高分子质量分泌型免疫球蛋白，这种球蛋白可穿过植物细胞膜和细胞壁，在质外体中积累，在胞外的水环境中几乎无水解反应，性能稳定，提取过程更为方便[31]。这是在植物中表达有应用价值的抗体分子成功的研究，并证明在植物中单个细胞就可产生组装正确的分泌抗体。

目前，完整的抗体 IgA、IgG[32～34]、嵌合 IgG 和 IgA[31]、分泌型 IgA（sIgA）[30]、各种抗体片段，如抗原结合片段 Fab（fragment antigen binding）、单链抗体片段 ScFv（single-chain antibody fragment）及重链多变位点（heavy-chain variable domains）[35～37] 等都在植物中获得表达，并证明在室温中保存一年之久而不丧失抗体的免疫活性。Vaquero 等 [38] 在烟草叶片中瞬时表达了对胚胎癌抗原特异的重组单链抗体片段 ScFv 和人鼠全长嵌合抗体，所获得的抗体均是由鼠对人胚胎癌抗原特异的单克隆抗体改造而来，原来鼠的抗体重链和轻链基因的恒定区序列被替换为人的恒定区序列，然后被克隆到两个独立的植物表达载体中，采用真空渗透法使两个重组的农杆菌侵染烟草叶片后，能同时表达嵌合抗体的重链和轻链，并在植物体内组装成全长抗体。另外，HIV 反转录酶有抗性的植物胞质重组抗体片段在哺乳动物细胞中显示出对 HIV 感染的抗性，这是在医学领域中较早进入试验的转基因植物抗体。美国一家生物公司已成功地将一种单克隆抗体的基因转入大豆并获得表达，再将羟基柔红霉素（doxorubicin，阿霉素）偶联于该单克隆抗体制成了导向药物，已进行了动物试验，对乳腺、结肠、卵巢和肺脏肿瘤有明显的疗效。该公司目前已大面积种植这种转基因大豆，以期获得大批量的这类单克隆抗体进行临床应用研究 [39]。Whaley 等将大豆生产的一种单抗用于小鼠的阴道，可防止小鼠受生殖器疱疹病毒的感染。Whaley 等正研究使用玉米产生抗疱疹病毒，以及阻止精子到达卵子的植物抗体。Daniell[34] 统计了转基因苜蓿表达 IgG 的生产成本为 500～600 美元 /g，而杂交瘤细胞生产 IgG 的生产成本则要 5000 美元 /g。生产成本与植物所表达抗体的量有很大的关系，Ma 曾经按最大表达量（1 g 植物表达 500 μg sIgA）计算，转基因植物抗体的生产成本约为 50 美元 /g，约为细胞培养生产成本（1000 美元 /g）和转基因动物生产成本（100 美元 /g）的 5%～50%[31]，这表明转基因植物抗体研究和开发应用具有诱人的前景。

3.5 转基因植物抗体的临床应用

经临床研究证实，转基因植物抗体效果最佳的是在烟草中表达的预防龋齿的抗链球菌表面抗原的分泌型 IgG-IgA 抗体，该抗体预防链球菌腐蚀牙齿的效果与鼠淋巴瘤产生的单克隆 IgG 相似 [30]。抗癌胚抗原的抗体已分别在小麦和水稻中获得表达，该抗体在体内肿瘤造像及肿瘤的免疫治疗上有广泛的应用价值 [35, 36]。另外，在大豆中表达的抗单纯疱疹病毒的抗体可有效防止单纯疱疹病毒在鼠阴道中的感染，具有与动物细胞培养获得抗体相当的活性。用转基因植物抗体进行局部免疫治疗将是一个引人注目的领域，无论是经济效益还是其安全有效性，转基因植物抗体都具有非常大的潜力。尽管这方面的研究目前多处于实验室研究阶段，植物表达抗体的分离纯化是“瓶颈”，科学家们将竭力突破这一难题，并尽快使诸多研究成果步入临床试验和医疗应用阶段。

3.6 转基因植物药用蛋白的研究概况

迄今为止，利用植物表达的药用蛋白和多肽有血清白蛋白[3]、人干扰素[2]、α-天花粉蛋白 36[40]、人乳铁蛋白[41]、人 α_1- 抗胰蛋白酶[42]、人生长激素[43]、人粒细胞巨噬细胞集落刺激因子[44]、促红细胞生产素和人脑啡肽[45]、人表皮生长因子[46]、人同源三体的胶原蛋白[47]、白细胞介素 IL-2 和 IL-4 及核糖体抑活蛋白[48]等多达数十种，其中，葡糖脑苷脂酶[49,50]、水蛭素[51,52]、β-葡萄糖醛酸糖苷酶[53]、抗生物素蛋白[54]等几种价格昂贵的药用蛋白已投入商品化生产。

水蛭素是治疗血栓形成非常有效的抗凝剂，该药物以前是从水蛭中提取的，之后是在大肠杆菌和酵母中获得表达，目前已在油菜子、烟草和热带芥子中表达了水蛭素，研究人员将水蛭素基因与油脂蛋白基因融合表达，两基因间设计了蛋白酶的裂解位点，利于获取纯化的水蛭素[51]。目前，转水蛭素油菜在加拿大已开始商品化生产[52]。刘德虎等将水蛭素基因转入烟草和大豆进行了种子特异性表达。Cramer 等[49,50]在烟草中成功表达了葡糖脑苷脂酶，此酶是治疗高歇氏病的特效药，并于 1999 年申请注册了通过转基因烟草生产该酶的专利技术。以往是从人的胎盘中分离天然的葡糖脑苷脂酶进行该病的治疗，故此酶非常紧缺并且价格极为昂贵。Arakawa 等[55]将胰岛素原基因与霍乱毒素 B 亚基（CTB）基因在马铃薯中融合表达，该融合蛋白占总可溶性蛋白的 0.15%，饲喂非肥胖性糖尿病鼠后发现，实验鼠胰岛炎症明显减轻，该融合蛋白诱导的免疫耐受能够减轻这种 T 细胞介导的细胞毒素引起的自体免疫疾病。总之，随着医学研究和人类基因组计划的不断发展，将会有更多的药用蛋白和活性多肽通过植物表达，这种廉价、安全和高效的新型生产系统将在疾病诊断和治疗中发挥重要的作用。

3.7 生物安全性评价

转基因植物又称遗传修饰体（genetically modified organism，GMO 或 GM），被认为是 21 世纪农业的希望，为人类解决病虫防制、食物不足、能源危机等重大经济和社会问题提供了新的手段。但转基因过程的每一个环节都有可能对食品（饲料）安全性产生影响[56]。因此，对其安全性的检测和管理评价也成为转基因植物研究的又一项重任。由于转入传统食品或作物中的基因来自各种生物，有些是人们和动物不能或极少食用的，如细菌、病毒、蝎子、老鼠、飞蛾等，因此必然会提出对人和动物是否有害的问题。据近年转基因作物种植面积统计，我国转基因作物种植面积位居世界第四，占全球份额的1%。我国政府对生物安全问题始终给予密切关注和高度重视：1993年12月24日，国家科学技术委员会颁布《基因工程安全管理办法》；1996年7月10日，国家农业部颁布《农业生物基因工程安全管理实施办法》；2001年5月23日，国务院发布第304号令，颁布《农业转基因生物安全管理条例》；2002年1月7日，国家又出台了三项配套的实施细则，具体包括《农业转基因生物安全评价管理办法》《农业转基因生物进口安全管理办法》《农业转基因生物标识管理办法》；2002年4月8日，国家卫生部颁布《转基因食品卫生管理办法》。上述条例从法律层面规定了我国GM生物较为规范的管理办法，管理范围涉及研究、实验、生产、加工、进出口等各个方面[57～59]。目前，国际上对转基因食品安全性评价遵循以科学为基础、个案分析（case-by-case）、实质等同（substantial equivalence）的原则。

3.7.1　对健康的影响

抗生素抗性基因是筛选转基因植物常用而有效的选择性标记基因，长期食（饲）用这类转基因植物食品、疫苗是否造成抗生素治疗无效而威胁人和动物的健康？对这方面的试验研究，因抗生素的种类及DNA降解的程度各异，目前试验结果和观点仍存在争议。也有学者提出改进转化技术，避免使用含抗生素抗性基因的载体，可减轻和消除此方面的危害[60]。《转基因食物中标记基因的健康问题》一书中对3种主要抗生素（卡那霉素、潮霉素和链霉素）抗性基因进行了详尽分析，发现抗卡那霉素的标记基因*Aph*2，基因本身及其表达产物都是安全的，而其他卡那霉素抗性基因缺乏足够的证据证明安全[61]。转基因植物中的新基因会不会传递给人畜肠道的正常微生物，引起菌群和数量的变化，或插入并表达，从而危害人畜健康？其中，新基因蛋白质是否是致敏原，以及是否改变食品或饲料中营养成分等问题目前都尚无充分证据。2001年，FAO/WHO生物技术食品致敏性联合专家咨询会议进一步发展和完善了已有评估程序，公布了新的转基因食品潜在致敏性树状评估策略[62]：首先确定被转移基因是否来自于一种常见或不常见的过敏来源（目前已确定8种常见和160种较不常见的过敏性食物）。2001年2月14日在斯特拉斯堡通过的“规范欧盟市场转基因作物及食品的法案”为转基因作物铺平了道路，规定转基因食品为合法。

3.7.2　对环境和生态的影响

尽管目前大部分转基因植物疫苗和植物抗体尚处于实验室研究阶段，两者对环境和生态的影响也无确切的报道，但已发现有些转基因作物有不同程度的负面影响。GM改良农作物的初衷在于减少农药的使用。然而，大量的抗虫和抗除草剂的转基因作物会使作物的抗性增强。有科学家预测，除草剂等的用量将会比以前增加 3 倍以上，这对环境和土壤有较大的影响。转基因植物花粉通过风、雨、鸟、蜜蜂、昆虫、真菌、细菌以至整个生物链传播，从而造成基因污染，而且会永远繁殖。例如，遗传改良的 Bt 内毒素在土壤中至少可保留 18 个月，转移到野生植物产生超级杂草，潜在地干扰了生态平衡。

3.7.3　转基因植物的检测

伴随着转基因产品的不断开发和推广应用，在满足人们某些方面需求的同时亦引起人们在诸多方面对其的质疑，比如其安全性，以及对环境和生态的影响等。另外，人们的饮食心理也对转基因农产品的实际应用有较大影响。为了能够对转基因农产品及其他转基因植物做出综合评价，除了需要国家在政策上制定科学的评价体系及相应严格的法律法规外，还需要拥有一整套与此相配套的实验技术，如植物转基因背景的检测技术。目前国内外 GM 农产品的检测随着 GM 标签制度的实施也越来越受重视，很多研究机构和公司开展了 GM 产品的检测研究和技术服务。已有的报道主要集中在利用 PCR、ELISA 等方法对 GM 大豆、玉米等农产品的检测，而对转基因植物疫苗及其抗体的基因背景的检测多限于选择性标记基因、靶基因及其表达量等。PCR 和 ELISA 法是通过检测特异性外源基因（如启动子、终止子、标记基因、报告基因和靶基因等）和其编码的蛋白质来判断是否为 GM 产品。据目前的报道，因 ELISA 法较难检测由转基因原料加工的食品中的 GMO，且蛋白质表达具有组织特异性，限制了该法的应用；而 PCR 法不受材料的限制，核酸对热相对比较稳定，有快速、灵敏、特异性强等特点，因此应用较普遍。

3.7.3.1　定性检测

定性检测常采用 CaMV 35S-PCR、NOS-PCR、CP4-EPSPS-PCR 和 GUS-PCR 等方法，其中 CaMV 35S-PCR 灵敏度最高，NOS-PCR 次之。然而，有些植物，如十字花科植物易被 CaMV 35S 感染而携带该启动子；NOS 终止子来源于普遍存在的农杆菌；CP4-EPSPS 抗草甘膦的目的基因在不同转基因植物中的序列不完全相同；GUS 报告基因常在检测非转基因植物时呈阳性 [63]。上述因素影响了检测的准确性，仍需改进。

3.7.3.2　定量检测

定量检测用于确定样品中 GMO 的百分比。欧洲现普遍采用定量竞争性 PCR（quantitative competitive PCR，QC-PCR）法检测抗 Bt 虫玉米、抗草甘膦大豆等。Vaatiligom 等建立了 RT-PCR（real-time PCR）法，此法比 QC-PCR 法灵敏度至少高出 10 倍，并且可以对 0.01% 样品进行精确定量。现在用 RT-PCR 法可成功检测各种原料、混合物成分、大豆蛋白、调味剂、饮料和日常用品等多种转基因产品。目前有些机构采用复合式 PCR（multiplex PCR, M-PCR）法，即在同一反应管中含有一对以上引物，可以同时针对几个靶位点进行检测的 PCR 法[64]。中国科学院上海生物工程研究中心也报道，采用 M-PCR 法检测，不仅效率高，而且因为它是针对多个靶位点进行同时检测，所以其检测结果较普通 PCR 更为快速、可信[65]。但是，PCR 检测也受多种因素影响，如 DNA 质量、PCR 抑制因子及 PCR 参数选择均会影响结果的可靠性。此外，PCR 检测容易引起交叉污染而出现假阳性、扩增过程易产生非特异性扩增等。尽管结合使用嵌套 PCR（nest-PCR）技术可减少上述不利影响，但 PCR 法对许多加工过程中破坏了 DNA 的转基因产品如精炼糖和食用油等无能为力。国内外少数生物技术公司研制了检测 GM 产品的基因芯片，由于芯片的价格较高（500～1000 美元 / 张），在日常检测中较难推广应用。

转基因植物作为生物反应器生产转基因植物疫苗、转基因植物抗体和其他转基因产品，为人和动物提供了一个最经济有效的生产系统，具有许多潜在的优势，但同时还面临着许多未知的和有待解决的难题。随着转基因技术和相应的检测手段逐步建立与优化，在未来的研究及其产业化生产中将具有广阔的应用前景。

参 考 文 献

[1] Barta A, Sommergruber K, Thompson D, et al. The expression of a nopaline synthase-human growth hormone chimeric gene in transformed tobacco and sunflower callus tissue [J]. Plant Mol Biol, 1986, 6: 347-357.

[2] De Zoeten GA, Penswick JR, Horisberger MA, et al. The expression, localization and effect of a human interferon in plants [J]. Viol, 1989, 172: 213-222.

[3] Sijmons PC, Dekker BM, Schrammeijir B, et al. Production of correctly processed human serum albumin in transgenic plants [J]. Bio Technol, 1990, 8: 217-221.

[4] Hiatt A, Cafferkey R, Bowdish K. Production of antibodies in transgenic plants [J]. Nature, 1989, 342: 76-78.

[5] During K, Hippe S, Kreuzaler F, et al. Synthesis and self-assembly pf a functional monoclonal antibody in transgenic *Nicotiana tobacco* [J]. Plant Mol Biol, 1990, 15: 281-293.

[6] Curtiss RI, Cardineau CA. Oral immunization by transgenic plants [P]. Washington University, St. Louis, World Patent Application, 1989, WO 90/02484.

[7] Mason HS, Lam DMK, Arntzen CJ. Expression of hepatitis B surface antigen in transgenic plants [J]. Proc Natl Acad Sci USA, 1992, 89: 11745-11749.

[8] 李潇 . 转基因植物生产单克隆抗体 [J]. 生物化学与生物物理学报 , 1999, 3: 297.

[9] Fischer R, Emans N. Molecular farming of pharmaceutical protein [J]. Transgenic Res, 2000, 9:

279-299.

[10] Kapusta J, Modelska A, Figlerowicz M, et al. A plant-derived edible vaccine against hepatitis B virus [J]. FASEB, 1999, 13: 1796-1799.

[11] Ehsani P, Khabiri A, Domansky NN, et al. Polypeptide of hepatitis B surface antigen produced in transgenic potato [J]. Gene, 1997, 190: 107-111.

[12] 赵春晖，王荣，赵长生，等．含与不含前导序列的乙肝表面抗原在转基因番茄中表达的研究 [J]. 农业生物技术学报，2000, 8（2）: 190-193.

[13] Arakawa T, Chong DKX, Langridge WHR, et al. Efficacy of a food plant-derived oral cholera toxin B subunit vaccine [J]. Nature Biotechnol, 1998, 16: 292-297.

[14] Mason HS, Haq TA, Clements JD, et al. Edible vaccine protects mice against *Escherichia coli* heat-labile enterotoxin（LT）: potatoes expressing a synthetic LT-B gene [J]. Vaccine, 1998, 16（13）: 1336-1343.

[15] Tackaberry ES, Dudani AK, Prior F, et al. Development of biopharmaceuticals in plant expression systems: cloning, expression and immunological reactivity of human cytomegalovirus glycoprotein B（UL55）in seeds of transgenic tobacco [J]. Vaccine, 1999, 17: 3020-3029.

[16] Britt WJ. Vaccines against cytomegalovirus: time to test [J]. Trends Microbiol, 1996, 4: 34-38.

[17] Gomez N, Carrillo C, Salinas J, et al. Expression of immunogenic glycoprotein S polypeptides from transmissible gastroenteritis coronavirus in transgenic plants [J]. Virol, 1998, 249: 352-358.

[18] Mason HS, Ball JM, Shi JJ, et al. Expression of Norwalk virus capsid protein in transgenic tobacco and potato and its oral immunogenicity in mice [J]. Proc Natl Acad Sci USA, 1996, 93: 5335-5340.

[19] 刘德虎．表达乙肝病毒包膜中蛋白质转基因植物的生产方法及产品．申请专利号：00109799.

[20] Carrillo C, Wigdorovitz A, Oliveros JC, et al. Protective immune response to foot and mouth disease virus with VP1 expressed in transgenic plants [J]. Virol, 1998, 1688- 1690.

[21] Welter LM, Mason HM, Lu W, et al. Effective immunization of piglets with transgenic potato plants expressing a truncated TGEV S protein. Vaccines: New Technologies and Applications. Cambridge Healthtech Institutes, 1996.

[22] Wigdorovitz A, Carrillo C, Maria JD, et al. Induction of a protective antibody response to foot and mouth disease virus in mice following oral or parenteral immunization with alfalfa transgenic plants expressing the viral structural protein VP1 [J]. Virol, 1999, 255: 347-353.

[23] 王宝琴，张永光，王小龙，等．FMDV vp1 基因在烟草中的表达及转基因烟草对小鼠免疫效果的研究 [J]. 中国病毒学，2005, 20（2）:140-144.

[24] 王宝琴，张永光，王小龙，等．FMDV vp1 基因在百脉根中的转化和表达 [J]. 中国病毒学，2005, 20（5）: 526-529.

[25] Pan L, Zhang YG, Wang YL, et al. Foliar extracts from transgenic tomato plants expressing the structural polyprotein, P1-2A, and protease, 3C, from foot-and-mouth disease virus elicit a protective response in guinea pigs[J]. Veterinary Immunology and Immunopathology, 2008（121）: 83-90.

[26] Pan L, Zhang YG, Wang YL, et al. Expression and detection of the FMDV VP1 transgene and expressed structural protein in *Arabidopsis thaliana*[J]. Turk J Vet Anim Sci, 2011, 35（1）:1-8.

[27] Turpen TH, Reinl SJ, Charoenvit Y, et al. Malarial epitopes expressed on the surface of recombinant tobacco mosaic virus [J]. Biotechnol, 1995, 13（1）:53-57.

[28] Fitchen J, Beachy RN, Hein MB, et al. Plants virus expressing hybrid coat protein with added murine epitope elicits autoantibody response [J]. Vaccine, 1995, 13（12）: 1051-1057.

[29] Tacket CO, Mason HS, Losonsky G, et al. Immunogenicity in humans of a recombinant Bacterial antigen delivered in a transgenic potato [J]. Nat Med, 1998, 4: 607-609.

[30] Ma JK, Hikmat BY, Wycoff K, et al. Characterization of a recombinant plant monoclonal secretory antibody and preventive immunotherapy in humans [J]. Nat Med, 1998, 4: 601-606.

[31] Ma Julian KC, Andrew H, Mich H, et al. Generation and assembly of secretory antibodies in plants [J]. Science, 1995, 268: 716-719.

[32] Zeitlin L. A humanized monoclonal antibody produced in transgenic plants for immuno-protection of the vagina against genital herpes [J]. Nat Biotechnol, 1998, 16: 1361-1364.

[33] Khoudi H. Production of a diagnostic monoclonal antibody in perennial alfalfa plants [J]. Biotechnol Bioeng, 1999, 64: 135-143.

[34] Daniell H, Stiphen J. Medical molecular farming: production of antibodies, biopharmaceuticals and edible vaccine in plants [J]. Trends in Plant Science, 2001, 6: 219-226.

[35] Torres E. Rice cell culture as an alternative production system for functional diagnostic and therapeutic antibodies [J]. Transgenic Res, 1999, 8: 441-449.

[36] McCormick AA, Kumagai MH, Hanley K, et al. Rapid production of specific vaccines for lymphoma by expression of the tumor-derived single-chain Fv epitopes in tobacco plants [J]. Proc Natl Acad Sci USA, 1999, 96: 703-708.

[37] Stoger E. Cereal crops as viable production and storage systems for pharmaceutical scFv antibodies [J]. Plant Mol Biol, 2000, 42: 583-590.

[38] Vaquero C, Sack M, Chandler J, et al. Transient expression of a tumor-specific single chain fragment and a chimeric antibody in tobacco leaves [J]. Proc Natl Acad Sci, 1999, 96: 11128-11133.

[39] 陈书明．转基因植物在免疫学研究中的应用进展 [J]. 国外医学免疫学分册，1996, 5: 269-271.

[40] Kumagai MH. Rapid, high-lively expression of biologically active alpha-trichosanthin in

transfected plants by an RNA viral vector [J]. Proc Natl Acad Sci USA, 1993, 90: 427-430.

[41] Chong DK. Expression of full length bioactive antimicrobial human lactoferrin in potato plants [J]. Transgenic Res, 2000, 9: 71-78.

[42] Terashima M, Murai Y, Kawamura M, et al. Production of functional human alpha-1-antitrypsin by plant cell culture [J]. Appl Microbiol Biotechnol, 1999, 52: 516-523.

[43] Staub J, Garcia B, Graves J, et al. High-yield production of a human therapeutic protein in tobacco chloroplasts [J]. Nature Biotechnol, 2000, 42: 583-590.

[44] Giddings G, Allison G, Brooks D, et al. Transgenic plants as factories for biopharmaceuticals [J]. Nature Biotech, 2000, 18: 1151-1155.

[45] Kusnadi AR, Nicolov ZL, Howard J A. Production of recombinant in transgenic plants: Practical considerations [J]. Biotechnol Bioeng, 1997, 56: 473-483.

[46] Higo K, Saito Y, Higo H. Expression of a chemically synthesized gene for human epidermal growth factor under the control of cauliflower mosaic virus 35S promoter in transgenic tobacco [J]. Biosci Biotech Biochem, 1993, 57: 1477-1481.

[47] Ruggiero F. Triple helix assembly and processing of human collagen produced in transgenic tobacco plants [J]. FEBS Lett, 2000, 469: 132-136.

[48] Pauline MD. Foreign protein production in plant tissue cultures [J]. Current Opin Biotech, 2000, 11: 199-204.

[49] Cramer CL, Weissenborn DL, Oishi KK, et al. Bioproduction of human enzymes in transgenic tobacco [J]. Ann N Y Acad Sci, 1996, 792: 62-71.

[50] Cramer C, Boothe JG, Oishi KK. Transgenic plants for therapeutic proteins: linking upstream and downstream strategies [J]. Curr Topics Microbiol Immunol, 1999, 240: 95-118.

[51] Parmenter DL. Production of biologically active hirudin in plant seeds using oleosin partitioning [J]. Plant Mol Biol, 1995, 29: 1167-1180.

[52] Boothe JG, Parmenter DL, Saponja JA. Molecular farming in plant: oilseeds as vehicles for the production of pharmaceutical proteins [J]. Drug Develop Res, 1997, 42: 172-181.

[53] Witcher D, Hood E, Peterson D, et al. Commercial production of β-glucuronidase（GUS）: a model system for the production of proteins in plant [J]. Mol Breed, 1998, 4: 301-312.

[54] Hood E, Witcher D, Maddock S, et al. Commercial production of Avidin from transgenic maize: characterization of transformant, production, processing, extraction and purification [J]. Mol Breed, 1997, 3: 291-306.

[55] Arakawa T, Yu J, Chong DK, et al. A plant-based cholera toxin B subunit-insulin fusion protein protects against the development of autoimmune diabetes [J]. Nat Biotechnol, 1998, 16（10）: 934-938.

[56] 郑云雁，李小芳．转基因食品及其卫生管理 [J]. 中国食品卫生杂志，1998, 10（5）: 35-38.

[57] 张大兵．转基因植物的安全性与检测 [J]. 上海预防医学杂志，2001, 13（9）: 407-408.

[58] 卫生部 . 转基因食品卫生管理办法 [S]. 2002.

[59] 李小仙 . 转基因食品的监督管理 [J]. 浙江预防医学 , 2005, 17（3）: 54-56.

[60] 程志强 , 陈旭君 , 郭泽建 , 等 . 转基因植物中抗生素抗性基因的安全性评价 [J]. 生命科学 , 2002, 14（1）: 14-16, 26.

[61] 闫新甫 . 转基因植物 [M]. 北京 : 科学出版社 , 2003: 482.

[62] 吕相征 , 刘秀梅 . 转基因食品的致敏性评估 [J]. 中国食品卫生杂志 , 2003, 15（3）: 238-243.

[63] 吕山花 , 邱丽娟 , 陶波 . 转基因植物食品检测技术研究进展 [J]. 生物技术通报 , 2002,4:34-38.

[64] Vandenvelde C, Verstraete M, Van Beers D, et al. Fast multiplex polymerase chain reaction on boiled clinical samples for rapid viral diagnosis [J]. Virol Methods, 1990, 30: 215-227.

[65] 陶震 , 杨胜利 , 龚毅 . 利用 MPCR 方法快速检测植物转基因背景 [J]. 生物技术通报 , 2000, 6: 37-41.

4 口蹄疫转基因植物疫苗的研究

1992 年，Mason 等[1]首先提出了用转基因植物生产疫苗的设想。20 多年来，利用转基因植物生产基因工程疫苗的研究已取得了重要进展，基因工程和生物技术的发展也为利用植物生物反应器生产基因工程药物提供了理论基础和技术支持。运用此种方法生产的疫苗和功能蛋白已达 100 种以上[2]。新型 FMD 疫苗中，植物反应器生产的可饲化疫苗不仅克服了灭活疫苗存在的弊端，而且具有生产成本低、贮存和运输不需要特殊的冷链系统、使用方便等优点，成为新型疫苗研究的热点。

口蹄疫转基因植物疫苗的研究从 20 世纪末开始，分别以模式植物（拟南芥、烟草）、粮食作物（玉米、水稻、马铃薯）、豆科植物（百脉根、苜蓿、大豆）和热带牧草（柱花草）等为受体，进行了不同血清型口蹄疫病毒的结构基因 VP1、P1、P12A-3C、多抗原表位基因组合等的遗传转化，转化方法以根癌农杆菌介导法为主，还有基因枪法。免疫效果检测主要采用转化高表达植株的茎叶粗提物免疫接种小鼠、豚鼠和新西兰大白兔等实验动物，抗体检测方法主要采用 ELISA，同时进行了攻毒保护效果观察。下面简要概述国内、外口蹄疫转基因植物疫苗方面的研究。

4.1 国外研究概况

国外利用转基因植物表达 FMDV VP1 抗原蛋白的研究主要有阿根廷的 Carrillo 等领导的研究小组开展的工作。Carrillo 等[3]将口蹄疫病毒 O1 Campos（O1C）的结构基因 VP1（FMDV-VP1）插入双元载体 pRok1 中，构建重组载体 pRok1VP1，使 FMDV-VP1 基因在拟南芥中表达。试验证实，其产生的子代植株中含有 VP1 基因，将转基因拟南芥的提取物 0.5 mL 与适量弗氏不完全佐剂混合，分别于第 0 天、21 天和 35 天腹膜注射 60～90 日龄的成年雄性 Balb/C 小白鼠，在最后一次注射后 10 天进行检测，发现试验鼠血清特异性抗体水平升高，经口蹄疫强毒攻击后，用表达了 VP1 的转基因植物提取物免疫的 14 只小鼠全部得到保护。

Carrillo 和 Wigdorovitz 研究小组于 1999～2001 年又成功地在烟草中瞬时表达[4]和在马铃薯中稳态表达了 FMDV VP1 基因[5]。Wigdorovitz 和 DasSantos 等将口蹄疫病毒 VP1 结构蛋白 135～160 多肽基因片段与 GUS 基因融合，转化苜蓿得到转基因植物，通过检测 GUS，证明该多肽在苜蓿中表达，并能诱导动物的特异性免疫应答，研究结果表明用植物表达系统完全有可能生产安全有效的口蹄疫疫苗 [6,7]。2005 年，DasSantos 和 Carrillo 等将口蹄疫病毒结构基因 P1 转入苜蓿，并用该转基因苜蓿的叶片提取物免疫 Balb/C 小白鼠，均获得了理想的免疫应答 [8]。

4.2 国内研究概况

国内金宁一、张永光等带领的科研团队在口蹄疫转基因植物疫苗方面进行了大量的研究。以下就国内口蹄疫转基因植物疫苗研究内容，包括研究的口蹄疫病毒血清型、基因、表达载体、转化方法、受体植物、表达量与活性、检测与应用等方面的内容进行概述，由此可以分析和总结其中的创新理念和技术，为后期口蹄疫转基因植物疫苗的研究与应用提供更明确的思路和基础。

4.2.1 口蹄疫病毒结构基因P1在马铃薯中的转化与表达

金宁一研究团队 [9~12] 自主克隆了 FMDV 结构蛋白 P1 全长基因，并完成在马铃薯、玉米等作物中的转化与表达，为进一步研究利用转基因植物生产 FMD 疫苗及研制开发新型基因工程药物提供了新的途径。

李昌、金宁一等 [9,10] 分别以马铃薯茎段和微型薯作为外植体，运用农杆菌介导法将 FMD VP1 全长基因和 HIVgag 结构蛋白基因，以及 HIVgag-gp120 嵌合基因导入马铃薯中，通过卡那霉素抗性筛选，共获得 38 株抗性植株，其中以茎段为外植体的抗性植株 25 株，平均转化率（抗性植株数 / 接种数）为 14.53%；以微型薯为外植体的抗性植株 13 株，平均转化率（抗性植株数 / 接种数）为 5.91%。应用 PCR、PCR-Southern、Dot Blot 及 Southern Blot 等分子生物学技术进行检测，得到阳性结果，证明已获得含有 FMDV P1 全长基因、HIVgag 结构蛋白基因和 gag-gp120 嵌合基因的马铃薯植株，这也是国内首次进行该项研究的报道 [9, 10]。

李昌等 [11,12] 将自主克隆的 FMDV 结构蛋白 P1 全长基因重组到双元表达载体 pBI131 上，在马铃薯、玉米等作物中实现了转化与表达。利用 PCR 及 Southern Blot 等方法证明 P1 基因已整合到马铃薯染色体基因组中，为进一步研究利用转基因植物生产 FMD 疫苗及研制开发新型基因工程药物提供了新的途径。

该研究采用 RT-PCR 方法从 FMDV 基因组获得全长结构蛋白基因 P1 并对其进行序列测定，通过设计一系列中间载体，对该基因进行了修饰，消除了多余及不必要的酶切位点，增加了对转录与翻译有调控作用的各种序列，构建了 3.2 kb 的表达盒 S-P1，再用 *Hin*d Ⅲ 酶切该表达盒，插入到 pBI131 中构建了重组质粒 pBI131SP1，采用改进的冻融法转化农杆菌 LBA4404。

该研究中选用马铃薯（*Solanum tuberosum*）品种 Favorita 无菌苗为转化受

体，采用茎段感染法转化马铃薯。取马铃薯无菌苗，在超净工作台上将无菌苗切成1～2 cm长的茎段（含1～2个节），剪掉叶片，浸没于上述农杆菌菌液中，室温下不断摇动使茎段与菌液充分接触，8 min后取出，用无菌滤纸拭去表面菌液，接种于表面铺有1～2层滤纸的MSY培养基上，于25℃，暗处共培养。3天后，将茎段取出，用无菌水冲洗，无菌滤纸吸干，接种到MSYK上（有节的部分朝上），25℃光照16 h，22℃黑暗8 h，光强3000 lx，诱导抗性芽的形成。5～6周后，可以看到有抗性芽长出，待芽长至1～2 cm时，切下并转移到MSK培养基上进行生根，2～3周后即可得到抗性植株。生根植株经鉴定后移栽，进一步生长至结薯。

对转口蹄疫P1基因植株的检测主要采用了结构蛋白VP1基因PCR扩增、Southern Blot。结果表明：①成功构建了重组口蹄疫P1基因的植物高效表达载体pBI131SP1，并且对该基因进行了相关修饰，在表达载体中增加了对转录与翻译有调控作用的各种序列。②以转化表达载体的农杆菌侵染的马铃薯茎段，在进行诱导和选择培养后转移到MSK生根培养基上，约3周后，抗性植株即可生根，5周后形成良好根系，而对照植株则没有根生成现象。③提取PCR阳性植株总DNA，经*Hin*d Ⅲ完全消化后进行Southern Blot分析，结果证明，口蹄疫P1基因已整合到马铃薯染色体基因组中。

该研究中选用马铃薯作为转化受体植物，是基于马铃薯诸多方面的特性，如马铃薯生长容易、生物量大；马铃薯的遗传转化体系比较完善、转化周期短；马铃薯可以无性繁殖，所以只要得到少量的转化体，就可以通过快繁得到大量的转基因植株；马铃薯块茎便于贮藏和运输；马铃薯有特异性启动子，可以进行特异性的诱导表达，从而产生大量的可溶性蛋白；小鼠可以直接生食块茎，有利于动物免疫实验，尤其是马铃薯块茎可以直接作为饲料喂饲动物。一旦转马铃薯基因工程疫苗研制成功，可节省后期大量的提纯加工费用，易于在发展中国家普遍推广，也为进一步利用转基因植物生产口蹄疫疫苗及新型基因工程药物提供了新的材料和途径。

同时，以马铃薯茎段为外植体，将pBI131SP1质粒通过基因枪技术对马铃薯进行遗传转化。基因枪轰击后进行筛选，获得了6株抗性植株，对其进行PCR、PCR-Southern鉴定，其中有4株呈现阳性结果。该研究为国内基因枪转化马铃薯研究提供了可行性途径和方法。

胡海英[13]对申慧峰以马铃薯块茎特异性表达启动子Patatin构建的口蹄疫病毒表面抗原融合蛋白编码基因CTB-VP1及其表达蛋白进行检测，经PCR、Western Blot检测证实其为转CTB-VP1基因阳性表达植株。在此基础上建立快速繁育和微型薯诱导培育技术体系，并进行转基因马铃薯块茎表达融合蛋白CTB-VP1的分离、纯化和检测，为马铃薯作为生物反应器生产、制备口蹄疫病毒表面抗原CTB-VP1疫苗提供理论和技术基础。

转基因马铃薯块茎适宜的破碎和总蛋白提取方法如下：将块茎于 –80℃冷冻过夜，钝物敲碎，冰浴研钵研磨，匀浆加入缓冲液，在超声波破碎仪上破碎 30 min；最适缓冲液是 0.1 mol/L 磷酸氢二钠 / 磷酸二氢钠；适宜的提取缓冲液 pH 为 7.4；提取时材料与缓冲液的比例为 1∶3（*m*/*V*）；以 SDS-PAGE 和 Western Blot 检测，确定了分级沉淀目的蛋白的硫酸铵浓度范围为 30%～70%。在实验室条件下获得了 CM SePhadexC-50 弱酸性阳离子交换层析纯化目的蛋白的最佳条件，层析平衡液为 pH6.0 的 0.02 mol/L 磷酸缓冲液；最适上样量为 50 mL；梯度洗脱溶液的 NaCl 浓度为 0.05～0.3 mol/L，pH 为 6.5；流速控制在 0.5 mL/min。离子交换层析收集稀蛋白溶液，采用冷冻干燥法浓缩，其蛋白质回收率显著高于其他方法。回收的蛋白质经 15% SDS-PAGE 和 Western Blot 检测后，用 SePhadexC-100 葡聚糖凝胶过滤层析进一步纯化，产物经 Western Blot 分析表明，纯化的蛋白质与口蹄疫病毒（FMDV）抗血清在 52 kDa 处出现特异识别的信号带，表明纯化产物是目的蛋白 CTB-VP1，以该纯化蛋白进行动物免疫试验，经过口蹄疫正向间接血凝试验检测，表明有特异性抗体产生，抗体阳性水平达 1∶64。

4.2.2　口蹄疫病毒结构基因P1在玉米中的转化与表达

余云舟等 [14,15] 进行了口蹄疫病毒结构蛋白 P1 基因转化玉米的研究，该研究选用玉米自交系 10～15 天的幼雌穗，经消毒后挑取幼胚接种在诱导培养基上，诱导出初始愈伤组织，诱导率达到 90% 以上。将愈伤组织块转入继代培养基中继代，每两周转一次，诱导出黄色、颗粒状胚性愈伤组织；胚性愈伤组织在分化培养基上分化出苗，分化率达到 70% 以上；然后将小苗移入生根培养基上诱导出再生植株并移栽。

构建了携带有质粒 pBI121P1、pBI121AP1、pBI131SP1 的根癌农杆菌。其中植物表达载体 pBI131SP1 中的调控元件包括 2 个增强子、35S 启动子等序列，下游有多联终止密码子等与转录加工、翻译调控相关的序列元件，pBI121AP1 为 Actin Ⅰ禾本科特异启动子与 35S 启动子组成的复合启动子。

该研究分别采用农杆菌介导转化法和基因枪法转化法进行玉米愈伤组织的转化。农杆菌浸染后的愈伤组织在共培养 3 天后，转移到含有 300 mg/L 头孢霉素和 200~300 mg/L 卡那霉素的继代培养基进行脱菌筛选培养三代，然后将抗性愈伤组织转到含 50~100 mg/L 卡那霉素分化培养基上分化出苗，待条件适宜时移栽。经抗性筛选共获得了植物表达载体 pBI131SP1 转化的抗性植株 25 株，其中农杆菌介导转化法获得了 20 株，基因枪转化法获得了 5 株抗性再生植株。

通过对玉米基因组 DNA Southern Blot 检测，以及 Gus 报告基因、NPT Ⅱ基因和 FMDV-VP1 基因的检测，结果表明：①建立了农杆菌介导优良玉米自交系Ⅱ型胚性愈伤组织高效遗传转化体系，利用这个转化体系进行 P1 基因三个表达载体的遗传转化；②转化材料及抗性愈伤组织进行 Gus 染色呈蓝色，表明外源目的基因在玉米细胞和组织中表达；③抗性再生植株的 PCR 检测，获得了 pBI121P1 和 pBI121AP1 转化再生植株各 3 株；④玉米基因组 DNA Southern Blot 检测，PCR 呈阳性转基因植株在特定位置出现了较强的杂交信号，证明 P1 基因确已整合到玉米植株基因组中，获得了转基因再生玉米植株。

金宁一研究员等领导的课题组进行了 P1 基因重组痘苗病毒和核酸疫苗的研究工作，已证实 P1 基因作为抗原基因的有效性，故选用 P1 为目的基因转化植物，以期获得转化了 P1 全长基因的 FMDV 植物基因工程疫苗。上述研究采用马铃薯、玉米作为反应器，考虑到外源蛋白在植物体内表达量低、纯化不易等问题，可以直接让偶蹄动物饲用马铃薯、玉米，甚至可用玉米作青贮饲料，来提高少量抗原蛋白的生物学活性，起到更好的免疫保护作用。

4.2.3 口蹄疫病毒结构基因P1在水稻中的转化与表达

王媛媛等[16]在水稻中表达口蹄疫病毒（FMDV）或日本乙型脑炎病毒（JEV）的免疫原蛋白来生产新型疫苗。针对这两种病毒，该研究通过农杆菌侵染法获得了转口蹄疫 O/ES/2001 株 P1 基因和乙型脑炎 SA14-14-2 株 E 基因的转基因水稻，并在小鼠模型上对植物来源的 P1 蛋白和 E 蛋白的生物学特性与免疫原性进行研究。主要研究内容包括：① P1 基因和 E 基因在水稻中的表达分析，将该实验室保存的口蹄疫 O/ES/2001 株 P1 基因和乙型脑炎 SA14-14-2 株 E 基因分别克隆到真核表达载体 pRTLZ 中，再将构建成的含有双 CaMV355 启动子和 NOS 终止子的表达盒克隆到载体 pCAMBIA1301 中，分别命名为 pCAMRT-P1 和 pCAMRT-E。②用农杆菌法分别转化水稻品种日本晴（Nipponbare），经 Southern Blot、Northern Blot 和 Western Blot 方法检测，P1 基因和 E 基因均在水稻中成功表达。经 ELISA 方法检测，P1 蛋白表达量达到 0.6～1.3 μg/mg 植物总可溶性蛋白，E 蛋白表达量达到 1.1～1.9 μg/mg 植物总可溶性蛋白。③水稻来源的 P1 蛋白免疫原性研究，将新鲜转基因水稻叶片进行研磨，取研磨液与不完全弗氏佐剂混合腹腔注射免疫小鼠。在首次免疫后第 56 天，植物来源 P1 蛋白诱导小鼠体内产生了高水平的口蹄疫病毒特异性血清 IgG 抗体，中和抗体水平达 1∶20.27，与大肠杆菌来源的 P1 蛋白诱导的中和抗体相当（1∶22.4）。用 10^6TCID_{50} 口蹄疫病毒 O/ES/2001 株进行攻毒试验，攻毒 48 h 后检测小鼠血液中病毒清除情况，结果显示 100% 的小鼠血液没有引起细胞病变。以水稻研磨液口服免疫的小鼠 36 天后，解剖小鼠并收集近胃部小肠，清洗后进行体外培养 3 天。口服免疫的小鼠体内也产生了口蹄疫病毒特异性血清 IgG 抗体，并且水稻来源的 P1 蛋白诱导的抗体水平显著高于大肠杆菌来源的 P1 蛋白诱导的。小肠洗液和体外培养液中检测到黏膜 IgA 抗体，证明植物来源的 P1 蛋白经口服诱导了黏膜免疫。用 10^6TCID_{50} 口蹄疫病毒 O/ES/2001 株进行攻毒试验，攻毒 48 h 后检测小鼠血液中病毒清除情况，结果显示只有 20%～40% 的小鼠血液没有引起细胞病变。④水稻来源的 E 蛋白免疫原性研究保护动物不受 JEV 的感染主要依靠体内抗体水平，尤其是中和抗体水平。动物实验表明，植物来源 E 蛋白诱导小鼠体内产生了高水平的乙型脑炎病毒特异性血清 IgG 抗体；中和抗体水平达到 1∶19.2，显著高于用大肠杆菌表达的 E 蛋白诱导的抗体水平（1∶11.2）。口服免疫 30 天后，小鼠体内也产生了乙型脑炎病毒特异性血清 IgG 抗体；小肠洗液和体外培养液中检测到黏膜 IgA 抗体，且抗体水平显著高于口服大肠杆菌来源的 E 蛋白小鼠，证明植物来源的 E 蛋白经口服诱导了黏膜免疫。

该研究结果说明水稻作为一种生物反应器可以成功表达口蹄疫病毒 P1 蛋白和乙型脑炎病毒 E 蛋白，这为进一步研究针对这两种病毒的可饲疫苗奠定了基础。

4.2.4　口蹄疫病毒结构基因VP1在热带牧草柱花草中的转化与表达

王冬梅等[17]以热带优良牧草柱花草为受体，建立遗传转化体系，进行口蹄疫病毒 VP1 及多抗原表位基因的转化与表达。该研究工作主要内容包括：①对‘热研 2 号’柱花草外植体预培养 2 天处理，10 μmol/L 乙酰丁香酮和稀释 5 倍的番木瓜（*Carica papaya* L.）浸提液预处理农杆菌，1.5 mg/L 的脯氨酸处理共培养基及采用农杆菌浸入法侵染外植体可以明显地提高柱花草的转化率；对农杆菌进行稀释，用柱花草浸提液预处理农杆菌及硝酸银处理共培养基对转化率无明显的影响。子叶和真叶的出芽率与对照相比差异极显著。② O 型口蹄疫病毒 VP1 基因连接在植物中间表达载体上，构建中间表达载体 pBIVP1，$CaCl_2$ 法转化农杆菌 LBA4404，用斑点杂交筛选农杆菌阳性转化株，得到农杆菌工程菌种 pBIVP1/LBA4404。农杆菌工程菌在优化的转化体系下，以叶盘法侵染转化热带优良牧草柱花草。③与泛素融合的口蹄疫 VP1 蛋白多克隆抗体的制备，采用 PCR 技术从哥伦比亚拟南芥中扩增泛素（ubiquitin）基因，经克隆及序列测定正确后与 O 型口蹄疫的 VP1 基因一起亚克隆到原核表达载体 pET30a 中，构建成 VP1 基因的 N 端融合泛素基因、C 端带 6 His-tag 的融合表达载体。表达载体 $CaCl_2$ 法转化大肠杆菌感受态细胞 BL21（DE3），PCR 筛选阳性克隆。工程菌经 1 mmol/L IPTG 在 28℃诱导 4 h，目标产物主要以包涵体的形式存在，洗涤、溶解包涵体，在含 8 mol/L 尿素的变性缓冲液中过镍螯合亲和层析柱纯化，目标蛋白约占菌体总蛋白的 54.6%。纯化的蛋白分 4 次免疫新西兰大白兔，琼脂糖双相电泳测定多克隆抗体的效价达 1∶64。④转基因植株的分子检测。侵染过的柱花草子叶叶盘，经过愈伤、出芽和生根等一系列的过程及卡那霉素的筛选，得到抗性植株。对抗性植株进行 PCR、PCR-Southern Blot、Southern Blot、RT-PCR、Northern Blot 及以制备的多克隆抗体为一抗的 Western Blot 检测，得到 4 个表达目的蛋白的转基因株系的 T_1 代。间接 ELISA 法测定目的蛋白的浓度为可溶性蛋白（TSP）的

0.05‰～5‰，并且 T_1 代的遗传稳定性分析显示符合孟德尔遗传规律。⑤转基因柱花草免疫昆明小白鼠。取蛋白表达量最高的转基因株系及非转基因株系（阴性对照）的全株，在 45℃的烘箱中烘干，再打碎成草粉，作为饲料添加剂与淀粉和一定量的蜂蜜一起饲喂昆明小白鼠，分 4 次免疫，同时以纯化的融合蛋白溶液口服免疫小鼠（阳性对照）。每次免疫后的第 10 天采血，最后一次免疫后的第 10 天采用心脏放血。取各次采血的血清进行 ELISA 检测，结果表明转基因柱花草能引起动物免疫反应，产生特异性抗体，抗体的效价达 1∶64。⑥口蹄疫多抗原表位基因组合表达的抗原性分析。分别合成 5 个 T 表位基因（A 型口蹄疫 3A 蛋白上的 21～35 aa 位氨基酸，A、O 型口蹄疫 3C 蛋白上保守的 196～210 aa 位氨基酸，O 型口蹄疫 VP2 蛋白上的 49～68 aa 位氨基酸，O 型口蹄疫 VP3 蛋白上的 81～100 aa 位氨基酸，O 型口蹄疫 VP4 蛋白上的 20～40 aa 位氨基酸及 2 个 B 表位基因（A 型口蹄疫 VP1 蛋白上的 138～160 aa 位氨基酸，O 型口蹄疫 VP1 蛋白上的 137～160 aa 位氨基酸）的单链，用 Klenow 酶将其延伸成双链。⑦ T、B 表位分别融合的基因和 O 型 FMDV VP1 基因的获得。合成各表位基因的引物，用于基因的融合和载体构建。采用套叠 PCR 技术，分四次 PCR 反应将两个 T 表位基因融合在一起，命名为 T；分两次 PCR 将两个 B 基因表位融合在一起，命名为 B。根据 O 型 FMDV VP1 基因的序列及病毒表达载体上的酶切位点设计特异引物，PCR 扩增，得 VP1 基因片段。对 T、B 及 VP1 基因分别克隆、测序分析，获得与设计完全一致的基因序列。⑧不同融合方式的中间载体的构建。采用 *Ava* Ⅲ、*Pst* Ⅰ这对同尾酶，分别经三次对克隆载体进行酶切、连接反应，构建不同融合方式的中间载体 pMD-T-B-T、pMD-T-T-B、pMD-B-T-T。⑨植物病毒表达载体的构建。通过对中间载体的酶切，分别与马铃薯 X 病毒载体（PVX）连接、转化，进行菌落 PCR 鉴定和酶切鉴定，得到中间表达载体 PVX-T、PVX-B、PVX-T-B-T、PVX-T-T-B、PVX-B-T-T、PVX-VP1。中间表达载体分别用电激转化法转化农杆菌 GV3301+PLICSa，PCR 鉴定阳性转化株。⑩携带各抗原基因的农杆菌工程菌种侵染烟草及 RT-PCR 检测。用渗透法侵染烟草，RT-PCR 检测各表位基因均在烟草中得以转录。⑪各表位组合表达的抗原性分析。分别提取各侵染株叶片的总蛋白，将其稀释到相同浓度，分别以 A、O 型口蹄疫病毒灭活全株的标准血清为一抗进行间接 ELISA 检测。结果表明，不同的方式组合在抗原性上存在一定的差异，以 T-B-T 的融合方式最高，B-T-T 次之，再次是 T-T-B，但都高于 VP1 基因的表达产物，更高于 T、B 融合表位的单独表达产物。

该研究建立了一套热带牧草柱花草高效率遗传转化的转化体系，统计分析结果显示，在实验确定的真叶或子叶作为外植体的转化条件下，出芽率分别为 21.5% 和 23.1%，都显著高于不作任何优化处理的对照组。经卡那霉素的抗性筛选，PCR、PCR-Southern Blot、Southern Blot、RT-PCR、Northern Blot 等检测获得转录水平表达目的基因的柱花草转基因株系 10 个。同时，构建与泛素基因融合表达的大肠杆菌表达载体 pET30a-Ub-VP1，表达载体转化宿主菌，经菌落 PCR 筛选出工程菌 BL21（DE3）/pET30a-Ub-VP1；通过工程菌在不同温度条件件的诱导及 SDS-PAGE 确定 28℃为最佳发酵条件；对重组蛋白应用镍螯合亲和层析纯化，纯化蛋白占菌体总蛋白的 54.6%，发酵液产率为 273 mg/L；纯化蛋白免疫新西兰大白兔，用琼脂双相扩散实验测定其抗体效价可以达 1∶64，获得了较高效价的口蹄疫病毒 VP1 多克隆抗体。用制备的抗体对 Northern Blot 检测阳性的转基因柱花草 T_1 代的大田苗筛查，获得 4 个表达目的蛋白的转基因株系。采用间接 ELISA 测定 4 个表达蛋白的转基因株系，目的蛋白的表达量达 5‰。取表达量最高的转基因株系在 45℃的烘箱中烘干，再碎成草粉，添加到昆明小白鼠的饲料中免疫小鼠；取每次免疫后 10 天血清，用间接 ELISA 法研究抗体的动态变化发现，小鼠体内的抗体水平在第二次免疫后急剧上升，与直接饲喂纯化蛋白的阳性对照组的趋势相似；小鼠血清的抗体效价达 1∶64。

口蹄疫病毒是一种变异广泛、多血清和亚型的病毒，目前有临床效果的疫苗是其灭活疫苗，但一种型的灭活疫苗只能预防此型口蹄疫病毒，对其他血清型甚至是其他亚型就“力不从心”了，因此，研究一种广谱的、抗各型口蹄疫的疫苗对消灭口蹄疫至关重要。该研究通过人工合成多个关键的抗原表位基因，并对其采用不同方式的融合表达，期望找到一种高免疫原性的表达方式或是关键的表位，为研究一种广谱抗病毒的疫苗提供新思路。从融合表位基因的表达产物与 A、O 型口蹄疫病毒全株的标准血清的免疫反应来看，其效果好于外壳蛋白 VP1，在一定程度上支持了融合表达多表位基因的设想，但其在动物体内的免疫反应效果还有待动物实验的结果来证实。

植物病毒表达载体是一种能够在短时间内获得高产、高活性蛋白的植物生物反应器的生产方式，用其表达目的蛋白已经有许多成功的例子。近年来，植物病毒表达载体 PVX 应用于表达疫苗的研究也很多，如 2006 年 Mechtcheriakova 等利用载有乙肝病毒外壳蛋白基因的 PVX 农杆菌侵染豇豆，成功地表达了目的基因，表达产物能被正确地组装成病毒颗粒等。该研究利用马铃薯 X 病毒载体快速表达了目标蛋白，提高了研究免疫原性分析的效率，对快速检测某些蛋白质的性质提供一种较好的途径。套叠 PCR 技术能方便地实现基因克隆的突变纠正及多基因融合，该研究采用了套叠 PCR 技术进行基因的融合，在表达方式的组合中分别通过同尾酶的酶切、连接反应达到多个基因的融合表达，这些都为今后多基因融合表达或是同个基因的多次串联提供了很好的实验借鉴。

4.2.5 口蹄疫病毒结构基因在豆科植物中的转化与表达

郭永来等[18]选用十余个东北地区大豆主栽品种的未成熟子叶作为外植体，用高浓度的生长素诱导大豆体细胞胚胎的发生，继而分化成大豆植株；探讨了与胚性组织增殖、萌发和再生植株有关的相关因子，对体细胞胚再生体系进行了优化，成功地建立了一套大豆遗传转化系统；利用改进的冻融法和电激法将含有抗逆相关基因 GM（编码 DREB 转录因子）的双元表达载体 pRdGM-200 质粒导入农杆菌中，为利用农杆菌介导法转化大豆提供了载体系统。以大豆未成熟子叶和体细胞胚为受体材料，分别利用农杆菌介导法和基因枪轰击法将抗逆相关 GM 基因及编码口蹄疫病毒的结构蛋白全长基因 P1 导入大豆，获得了抗性植株，经 PCR、PCR-Southern 杂交等分子生物学方法检测，证明目的基因已整合到大豆中，同时对影响遗传转化的因子进行研究。

该研究取得了以下结果。①以十余个大豆基因型未成熟子叶为材料诱导体细胞胚胎的发生，全部产生了体细胞胚，最高体细胞胚胎发生率为 49.8%。大豆未成熟子叶是诱导体细胞胚胎发生最好的外植体，以高浓度的 2, 4-D 诱导体细胞胚胎发生的效果较好。在诱导大豆体细胞胚胎发生时基因型间存在较大的差异，变化在 3.8%～49.8%，其中 5 个品种表现最好，体细胞胚胎发生率在 13.2%～49.8%。②利用冻融法和电转化法成功地将编码 DREB 转录因子的 pRdGM-200 双元载体导入农杆菌 EHA101、EHA105 和 LBA4404 中，为利用农杆菌介导法转化大豆提供了载体系统；对冻融法转化农杆菌的条件进行了优化，并摸索出了用电激法转化农杆菌的最佳条件组合，建立了较好的转化方案。经试验，农杆菌受体细胞的 OD_{600} 在 0.5～0.6 时，转化效率最高；电场强度在 9.5～12 kV/cm、脉冲持续时间为 10 ms 能获得较高的转化效率。③对影响农杆菌侵染的条件进行了探讨，摸索出了最佳的筛选剂浓度、菌液浓度、侵染时间和共培养时间。本试验是以 PPT 作为抗性筛选剂，最适筛选浓度为 2～3 mg/L；农杆菌侵染最佳菌液浓度为 OD_{600}=0.5～0.7，侵染时间在 10～20 min 时转化效率最高，共培养时间不宜过长，最佳时间为 3 天。④以大豆‘东农 40’和‘吉林 35’的未成熟子叶为受体材料，通过农杆菌介导法将编码 DREB 转录因子的 GM 基因导入大豆中，获得抗性转化再生植株 23 株，转化率为 0.5%；以大豆品种‘九 9313’、‘黑农 41’和‘九 9568’的未成熟子叶诱导出的体细胞胚为受体材料，用基因枪转化法将 GM 基因导入大豆，得到抗性转化植株 8 株，转化率为 0.9%。经 PCR、PCR-Southern 杂交和基因组 DNA 点杂交等分子生物学方法检测，证明抗逆相关的 GM 基因已整合到大豆基因组中。以 0.4% NaCl 和 10% PEG 模拟盐、旱条件胁迫，进行转基因植株耐盐和耐旱性鉴定。结果表明，转 GM 基因的大豆苗无论在幼苗生长、根系发育、植株鲜重等方面均比对照有明显的优势，且转化植株叶色鲜绿，叶片肥大，生长旺盛，而未转化 GM 基因的植株在盐胁迫下植株表现为矮小、枯黄。⑤以‘绥农 14’、‘东农 L13’、‘合丰 39’、‘吉林 47’、‘东农 42’和‘东农 163’的未成熟子叶为受体材料，通过农杆菌转化法将 FMDV 的结构蛋白全长基因 P1 导入大豆，通过卡那霉素抗性筛选，共获得抗性转化再生植株 12 株，平均转化频率 1.2%，经 PCR、PCR-Southern 等分子生物学技术进行检测，证明目的基因 P1 已整合到大豆基因组中，为利用大豆作为生物反应器生产口蹄疫新型口服疫苗提供了参考依据。

中国农业科学院兰州兽医研究所张永光研究团队王宝琴等[19,20]采用根癌农杆菌介导法，将阿克苏（Akesu/O/58）FMDV结构基因VP1转入烟草和豆科牧草百脉根，并且VP1基因在所转化的烟草和百脉根中能进行转录和有效翻译，所表达的蛋白质能够正确折叠，具有一定的生物活性和免疫原性。用FMDV VP1阳性转基因烟草免疫小鼠后，小鼠能够产生特异抗体，并且对同源FMDV有一定抵抗能力。Pan将口蹄疫结构基因P1-2A、蛋白酶和3C的基因转化到番茄、将结构基因VP1转化到拟南芥中均获得高表达植株，转基因植株粗提物免疫豚鼠后获得较理想的免疫效果[21,22]。王文秀等[23]将亚洲Ⅰ型口蹄疫病毒结构蛋白VP1基因克隆到植物表达质粒pBin438中，构建了植物表达载体pBin-VP1，通过根癌农杆菌介导的叶盘转化法，将亚洲Ⅰ型口蹄疫病毒结构蛋白VP1基因导入NC89烟草基因组中，对经卡那霉素筛选获得的20株抗性植株进行PCR和RT-PCR检测，证明抗性烟草植株中已整合了VP1基因。王炜[24]等将口蹄疫病毒P12A-3C基因通过根癌农杆菌介导法导入百脉根基因组。经PCR、RT-PCR检测表明，获得了转基因抗性植株，口蹄疫病毒P12A-3C基因具有转录活性，ELISA检测表明，转基因植株表达出外源目的蛋白。

口蹄疫病毒衣壳因包含VP1、VP3和VP0，能够诱导与感染性FMDV粒子相同的免疫反应，因此理论上空衣壳对于口蹄疫新型疫苗的研制是一个很好的选择。另外，16个氨基酸的多肽2A具有蛋白酶活性，3C蛋白酶能够保证前体蛋白P1-2A正确裂解成VP0、VP3和VP1，这些蛋白质能够自我组装成二十面体的核衣壳。对FMDV可饲疫苗的研究多集中于将编码结构蛋白VP1、P1基因转入植物，基于以上研究成果，中国农业科学院兰州兽医研究所张永光研究团队开展了对病毒全衣壳基因的转化植物方面的研究，潘丽[25]等利用前期完成的FMDV O/China/99分离株P1、2A及部分2B基因的pGEM/P12A质粒、包含该分离株3C基因的pGEM/3C质粒、根癌农杆菌GV3101、辅助质粒pPK2013和植物组成型表达质粒pBin438构建口蹄疫病毒O/China/99株多基因植物组成型表达载体pBin438/P12X3C，为FMDV可饲疫苗的研制奠定基础。采用三亲交配法将测序正确的pBin438/P12X3C质粒从大肠杆菌导入根癌农杆菌GV3101。经鉴定，FMDV O/China/99株结构蛋白P1、非结构蛋白2A和3C，以及部分2B的基因，即P12X3C，全长3024个核苷酸，编码1008个氨基酸，与亲本毒株O/China/99株的相应编码序列比较，P12X3C基因序列与原序列完全一致，同源性为100%。该研究团队成功构建了FMDV多基因的植物组成型表达载体，为FMD可饲疫苗的研制奠定基础。

口蹄疫病毒全衣壳集中了该病毒较多的抗原位点，这是该研究目的基因选择的依据。FMDV只含有一个大的开放阅读框，编码一个多聚蛋白，多聚蛋白在病毒自身编码的蛋白酶作用下加工成病毒粒子，组装及复制所需要的结构蛋白及非结构蛋白。16个氨基酸的多肽2A具有蛋白酶活性，催化结构蛋白前体L-P1-2A从2BC连接处顺式切割，L-P1-2A由3C蛋白酶次级裂解为L、VP0、VP3、VP1、2A，VP0、VP3、VP1能自我组装成二十面体的核衣壳，随着VP0成熟裂解成VP2、VP4，病毒RNA组装进病毒及壳形成完整的病毒粒子[26,27]。在FMDV的四种结构蛋白（VP4、VP2、VP3、VP1）中，VP1是口蹄疫病毒主要的抗原性决定蛋白，已发现O型口蹄疫病毒至少有2个中和性抗原位点，其中有3个位于VP1上，其他2个分别位于VP2、VP3上。口蹄疫病毒衣壳由于包含VP1、VP3和VP0，能够诱导与感染性病毒粒子相同的免疫反应，基于FMDV空衣壳的特点及非结构蛋白2B、3C蛋白酶的功能，构建了包含结构蛋白P1、非结构蛋白2A、3C及部分2B基因的植物组成型表达载体pBin438/P12X3C。通过对重组质粒测序表明，P12X3C基因与亲本毒株O/China/99株的相应编码序列完全一致，同源性为100%，在以上的抗原位点没有发生突变或缺失，为后期的植物转化提供了重要实验依据。

利用转基因植物生产疫苗可采用两种不同的表达系统，即稳定表达系统和暂态表达系统。在稳定表达系统中，主要采用花椰菜花叶病毒（CaMV）35S组成型表达启动子。这类启动子表达具有持续性，RNA和蛋白质表达量相对恒定，不表现时空特异性，也不受外界因素诱导，但表达水平低，而且植物组成型启动子引导目的基因在植物的各组织中均有表达，这会消耗植物内源的物质和能量，可能会给植物的正常生长带来一些不利的影响。组织特异性启动子也称为器官特异性启动子，在这些启动子的调控下，基因的表达往往只发生在某些特定的器官或组织。马铃薯块茎特异性启动子是典型的组织特异性启动子，其他植物组织特异性启动子还有花粉特异性表达基因启动子、大豆种子特异性启动子等。潘丽等[28]的研究用种子特异性启动子7S替换了植物组成型表达载体pBin438中的花椰菜花叶病毒35S组成型启动子，构建了FMDV VP1基因的种子特异性表达载体p7SBin438-VP1，给FMDV免疫基因向豆科植物中的转化提供前期材料，为从分子水平上研究FMD疫苗开辟新的途径。

农作物的种子胚部分含有丰富的可溶性蛋白，重组蛋白表达量较高，能够长期保存，并且种子蛋白比较容易分离纯化，有利于浓缩重组抗原蛋白，因而是非常理想的重组蛋白的生产载体。种子特异性表达载体的构建成为此类研究的基础。

利用植物反应器生产疫苗的研究虽然已经取得了一定成果，但外源基因的表达量低，仍然是该技术的关键问题。在现有的研究中，外源基因所表达的重组蛋白大约只占植物中可溶性蛋白的0.01%～0.37%，用这个表达量作为疫苗生产系统显然太低。因此，研究构建高效的表达载体，用于提高转基因植物中目的蛋白的表达量是今后研究的主要课题。目前主要通过选用强启动子和增强子、优化基因的密码子模式、表达产物的细胞定位，以及在植物种子或特异组织中积累来提高目的蛋白的表达量。

参 考 文 献

[1] Mason HS, Lam DMK, Armtzen CJ. Expression of hepatitis B surface antigen in transgenic plants[J]. Pro Nat Acad Sci USA, 1992, 89: 11745-11749.

[2] 李霞 , 陈杭 , 李晓东 , 等 . 疟疾多抗原表位基因表达载体的构建及其在烟草中的表达 [J]. 生物工程进展 , 1999, 19（4）: 39-44.

[3] Carrillo C, Wigdorovitz A, Oliveros JC, et al. Protective immune response to foot and mouth disease virus with VP1 expressed in transgenic plants [J]. Virol, 1998, 1688- 1690.

[4] Wigdorovitz A, Filgueira DMP, Robertson N, et al. Protective of mice against challenge with foot-and-mouth disease virus（FMDV）by immunization with foliar extracts from plants infected with recombinant tobacco mosaic virus expressing the FMDV structural protein VP1 [J]. Virol, 1999, 264: 85-91.

[5] Carrillo C, Wigdorovitz A, Trono K, et al. Induction of a virus –specific antibody response to foot-and-mouth disease virus using the structural protein VP1 expressed in transgenic potato plants [J]. Viral Immunol, 2001, 14: 49-57.

[6] Wigdorovitz A, Carrillo C, Maria J, et al. Induction of a protective antibody response to foot-and-mouth disease virus in mice following oral or parenteral immunization with alfalfa transgenic plants expressing the viral structural protein VP1 [J]. Virol, 1999, 255: 347-353.

[7] Dus Santos MJ, Wigdorovitz A, Trono K, et al. A novel methodology to develop a foot-and-mouth disease virus（FMDV） peptide-base vaccine in transgenic plants [J]. Vaccine, 2002, 20:1141-1147.

[8] Dus Santos MJ, Carrillo C, Ardila F, et al. Development of transgenic alfalfa plants containing the foot and mouth disease virus structural polyprotein gene P1 and its utilization as an experimental immunogen [J]. Vaccine, 2005, 23（15）: 1838-1843.

[9] 李昌 , 金宁一 , 王罡 , 等 . 植物基因工程疫苗高效表达载体的构建 [J]. 吉林农业大学学报 , 2003, 25（3）: 253-256.

[10] 李昌 , 王罡 , 金宁一 . FMDV 和 HIV 主要抗原基因表达载体的构建及转化马铃薯的研究 [D]. 长春 : 解放军军需大学硕士学位论文 , 2003.

[11] 李昌 , 金宁一 , 王罡 , 等 . 口蹄疫病毒 P1 全长基因表达载体的构建及对马铃薯的转化 [J]. 吉林农业大学学报 , 2004, 26（5）: 507-510.

[12] 李昌 , 金宁一 , 王罡 , 等 . 基因枪法转化马铃薯及转基因植株的获得 [J]. 作物杂志 , 2003,（1）: 12-14.

[13] 胡海英 . 转基因马铃薯表达口蹄疫病毒表面抗原融合蛋白 CTB-VP1 分离、纯化与检测 [D]. 北京 : 北京林业大学硕士学位论文 , 2007.

[14] 余云舟，王 罡，金宁一 , 等 . 口蹄疫病毒结构蛋白 P1 基因转化玉米的初步研究 [J]. 玉米

科学 , 2004, 12（3）: 22-25.

[15] 余云舟 , 金宁一 , 王罡 , 等 . 用基因枪将 P1 结构蛋白基因转入玉米及其转基因植株再生研究 [J]. 沈阳农业大学学报 , 2003,34（6）: 423-425.

[16] 王媛媛 . 口蹄疫病毒 P1 基因和猪乙型脑炎病毒 E 基因在转基因水稻中的表达及其免疫原性的研究 [D]. 武汉 : 华中农业大学博士学位论文 , 2009.

[17] 王冬梅 . 口蹄疫病毒 VP1 及多抗原表位基因在植物中表达的研究 [D]. 儋州：华南热带农业大学博士论文 , 2007.

[18] 郭永来 . 抗逆相关基因 GM 和口蹄疫结构蛋白全长 P1 基因转化大豆的研究 [D]. 长春 : 吉林大学硕士学位论文 , 2005.

[19] 王宝琴 , 张永光 , 王小龙 , 等 . FMDV VP1 基因在烟草中的表达及转基因烟草对小鼠免疫效果的研究 [J]. 中国病毒学 , 2005, 20（2）:140-144.

[20] 王宝琴 , 张永光 , 王小龙 , 等 . FMDV VP1 基因在百脉根中的转化和表达 [J]. 中国病毒学 , 2005, 20（5）: 526-529.

[21] Pan L, Zhang YG, Wang YL, et al. Foliar extracts from transgenic tomato plants expressing the structural polyprotein, P1-2A, and protease, 3C, from foot-and-mouth disease virus elicit a protective response in guinea pigs[J]. Veterinary Immunology and Immunopathology, 2008, 121: 83-90.

[22] Pan L, Zhang YG, Wang YL, et al. Expression and detection of the FMDV VP1 transgene and expressed structural protein in *Arabidopsis thaliana*[J]. Turk J Vet Anim Sci, 2011, 35（1）:1-8.

[23] 王文秀 , 顾节清 , 陈德坤 , 等 . 转亚洲Ⅰ型口蹄疫病毒 VP1 基因烟草研究 [J]. 西北农林科技大学学报 , 2007, 35（1）: 33-36.

[24] 王炜 , 张永光 , 潘丽 , 等 . 口蹄疫病毒 P12A-3C 免疫原基因在百脉根中的遗传转化与表达 [J]. 中国人兽共患病学报 , 2007, 23（3）: 236-239 转 247.

[25] 潘丽 , 张永光 , 王永录 , 等 . 口蹄疫病毒 O/China/99 株多基因植物组成型表达载体的构建及序列分析 [J]. 中国人兽共患病杂志 , 2005, 21（10）: 841-844 转 905.

[26] Pablo de Felipe, Lorraine E, Hughes, et al. Cotranslational, intraribosomal cleavage of polypetides by the foot-and-mouth disease virus 2A peptide[J]. J Biol Chem, 2003, 278（16）:11441-11448.

[27] Claire H, Susan E, Cooke, et al. Self-processing 2A-polyproteins a system for co-ordinate expression of multiple proteins intransgenic plants[J]. The Plant Journal, 1999, 17（4）: 453-459.

[28] 潘丽 , 张永光 , 王永录 , 等 . 口蹄疫病毒 O/China/99 株 VP1 基因植物种子特异性表达载体的构建及农杆菌的导入 [J]. 中国兽医科技 , 2005, 35（6）: 413-417.

下 篇
实验操作

下篇内容主要是 O 型口蹄疫阿克苏（Akesu/O/58）株病毒结构基因的克隆、植物转化和免疫效果检测等实验技能，包括：阿克苏（Akesu/O/58）FMDV 结构基因 VP1 和 P1 的克隆与核苷酸序列分析，植物双元表达载体的构建，根癌农杆菌介导的阿克苏（Akesu/O/58）FMD 结构基因 VP1 在烟草中的转化与表达，阿克苏 (Akesu/O/58)FMDV VP1 基因在两种豆科牧草中的转化与转基因植株的获得，FMDV VP1 转基因烟草对 Balb/C 小鼠免疫效果的观察。

5 阿克苏（Akesu/O/58）FMDV结构基因VP1和P1的克隆与核苷酸序列分析

5.1 目　　的

通过 RT-PCR 法获得阿克苏（Akesu/O/58）FMDV 的 VP1 和 P1 基因片段，并进行基因的克隆和序列分析。

5.2 基本原理与技术路线

根据 GenBank 公布的 FMDV 结构蛋白 VP1 和 P1 的基因设计相应的引物，采用 RT-PCR 法，获得阿克苏（Akesu/O/58）FMDV 的 VP1 和 P1 基因片段，将 VP1 和 P1 基因片段分别与 pGEM-T Easy 载体连接，采用 $CaCl_2$ 法将重组质粒转化到大肠杆菌 JM109 感受态细胞中，经培养和阳性克隆的筛选，对重组质粒鉴定后进行 VP1 和 P1 基因的测序。

5.3 材料与方法

5.3.1 材料

5.3.1.1 实验动物

1～2 日龄乳鼠由中国农业科学院兰州兽医研究所实验动物中心提供。

5.3.1.2 病毒、菌种和质粒

阿克苏（Akesu/O/58）FMDV 株病毒、大肠杆菌 JM109 均由中国农业科学院兰州兽医研究所病毒实验室保存，pGEM-T Easy 质粒购自 Promega 公司。

5.3.1.3 工具酶和试剂

PCR 扩增试剂盒、限制性内切核酸酶、T4 DNA 连接酶均购自大连宝生物公司，引物由大连宝生物公司合成。RNA 提取试剂盒购自 QIAGEN 公司，DNA

纯化试剂盒购自 Roche 公司，反转录酶试剂盒购自 Promega 公司，标准 DNA Marker 购自 BBI 公司。

5.3.2　方法

5.3.2.1　病毒的复壮和收集

阿克苏（Akesu/O/58）口蹄疫病毒株系牛舌皮毒适应乳鼠后的鼠毒，经中国农业科学院兰州兽医研究所鉴定为 O 型。

将适应了该病毒的乳鼠用灭菌乳白液漂洗，灭菌吸水纸吸干水分，称重，在无菌研钵内充分剪碎，加少许石英砂研磨后，以乳白液稀释成 1：3，按 200 IU/mL 加入青 / 链霉素，4℃浸毒过夜。次日以 3500 r/min 离心 15 min，上清液即为病毒液。将此病毒液接种 2～4 日龄乳鼠，收集发病死亡乳鼠的胴体为乳鼠 1 代毒（MF1），将 MF1 乳鼠胴体按上述方法（漂洗、称重、研磨和稀释等）处理后，再将病毒液连续适应 2~4 日龄乳鼠 2 代（MF2）和 3 代（MF3），取发病死亡时间稳定、规律、典型的 MF3 乳鼠胴体研磨、浸毒、离心，上清液置 –70℃保存备用 [1]。

5.3.2.2　病毒 RNA 的提取

试验所用器皿均经 DEPC 水处理，所有步骤在 20~25℃条件下操作。按 QIAGEN 公司的动物细胞和组织总 RNA 提取试剂盒的要求进行操作。

5.3.2.3　引物合成

正链引物　1D1：5′CAC　AAA　TGT　ACA　GGG　ATG　GGT　3′
　　　　　204：5′ACC　TCC　RAC　GGG　TGG　TAC　GC　3′
负链引物　1D5：5′GAC　ATG　TCC　TCC　TGC　ATC　T　3′

5.3.2.4　VP1 基因的反转录 – 聚合酶链反应（RT–PCR）

以 1D5 为引物，用所提取的病毒 RNA 为模板，通过反转录合成 cDNA。

合成体系	总体积 20 μL
5 × AMV 缓冲液	4 μL
dNTP（25 mmol/μL）	1.5 μL
1D5（50 pmol/μL）	1 μL
RNase（50 U/μL）	0.5 μL
DEPC 水	11 μL

充分混匀后在 70℃水浴中变性 5 min，然后加入 2 μL 反转录酶 AMV（10 U/μL），42℃水浴中作用 1 h，沸水浴 10 min 灭活反转录酶后，–20℃保存备用。以 cDNA

为模板进行 VP1 基因的 PCR 扩增。

扩增体系	总体积 100 μL
10× 扩增缓冲液	10 μL
$MgCl_2$（25 mmol/μL）	6 μL
dNTP（2.5 mmol/μL）	8 μL
1D5（50 pmol/μL）	1 μL
1D1（50 pmol/μL）	1 μL
cDNA	6 μL
ddH_2O	67.5 μL

混匀，于 95℃水浴变性 10 min，冷却后加入 0.5 μL *Taq* DNA 聚合酶（5 U/μL），混匀。扩增程序为：94℃ 60 s、55℃ 60 s、72℃ 90 s，28 个循环后，72℃延伸 10 min。以标准 DNA Marker 作为分子质量参照物，1% 琼脂糖凝胶电泳。

5.3.2.5　P1 基因的 PCR 扩增

以 5.3.2.4 节获得的 cDNA 为模板进行 PCR 扩增。

扩增体系	总体积 100 μL
10× 扩增缓冲液	10 μL
$MgCl_2$（25 mmol/mL）	6 μL
dNTP（2.5 mmol/μL）	8 μL
1D5（50 pmol/μL）	1 μL
204（50 pmol/μL）	1 μL
cDNA	6 μL
ddH_2O	67.5 μL

混匀，于 95℃水浴变性 5 min，冷却后加入 0.5 μL *Taq* DNA 聚合酶（5 U/μL），混匀。扩增程序为：94℃ 60 s、56℃ 120 s、72℃ 180 s，30 个循环后，72℃延伸 10 min。以标准 DNA Marker 作为分子质量参照物，1% 琼脂糖凝胶电泳。

5.3.2.6　目的基因的克隆

1）目的基因 DNA 片段的纯化回收

（1）将上述 PCR 产物用新配制的 1% 低熔点琼脂糖凝胶（熔点为 64℃）在新配制的 TAE 缓冲液中进行电泳，电泳槽及梳子事先应清洗干净。

（2）在长波长紫外灯下观察电泳结果，与标准 DNA Marker 比较后确定目的 DNA 条带，用手术刀片切下含目的 DNA 片段的凝胶块，放入 1.5 mL 离心管中。以下步骤按 Roche 公司 DNA 纯化试剂盒说明书操作。

（3）在 1.5 mL 离心管中加入 300 μL 溶液Ⅱ（凝胶增溶缓冲液，agarose solubilisation buffer）、10 μL 溶液Ⅰ（硅胶乳状液，silica matrix），使用前将硅胶混匀。

（4）将上述混合液置 56～60℃水浴中 10 min，每隔 2～3 min 混悬一次。10 000 r/min 离心 30 s，弃上清。

（5）加入 500 μL 溶液Ⅲ（核酸结合缓冲液，nucleic acid binding），吹打混匀，10 000 r/min 离心 30 s，弃上清。

（6）加入 500 μL 溶液Ⅳ（洗液，washing buffer），吹打混匀，10 000 r/min 离心 30 s，弃上清。

（7）重复步骤（6）一次。

（8）用移液枪吸弃液体，将离心管倒置于吸水纸上，使沉淀自然干燥。

（9）加入 20～50 μL 的 TE 缓冲液（10 mmol/L Tris-HCl，0.1 mmol/L EDTA，pH8.0～8.5）或灭菌 ddH_2O（pH7.0），吹打混匀，室温放置 10 min。

（10）10 000 r/min 离心 30 s，将上清液移入另一新管，保存纯化的 DNA。

2）目的片段与 pGEM-T Easy 载体连接

pGEM-T Easy 载体的两个 3′端各有一个突出的胸腺嘧啶（T），而 *Taq* 聚合酶具有加尾特性（A），可形成黏端连接，使得连接效率大为提高。

连接体系	总体积 10 μL
2× 连接缓冲液	5 μL
T4 DNA 连接酶	1 μL
pGEM-T Easy 载体	1 μL
回收 DNA	3 μL

离心，置 4℃连接过夜或 16℃连接 2h。

3）感受态细胞的制备和连接产物的转化[2]

A. 感受态细胞的制备

用 $CaCl_2$ 制备新鲜的大肠杆菌 JM109 感受态细胞，以下步骤均在严格的无菌条件下进行。

（1）挑单菌落于适量液体 LB 培养基中，37℃振荡培养过夜。

（2）次日取上述菌液 0.6 mL, 加入 60 mL 液体 LB 培养基中，37℃振荡培养至对数生长期 $OD_{600}\approx 0.3$（大约 3 h）。

（3）将菌液分装于两个 50 mL 灭菌离心管中，冰浴 10 min 之后，4000 r/min 离心 10 min。

（4）分别用 12 mL 0.1 mol/L 冰冷的 $CaCl_2$ 重悬两管沉淀。

（5）冰浴 25 min，4℃，4000 r/min 离心 10 min，尽量倾去培养液，再分别

取 1.2 mL 冰预冷的 0.1 mol/L 的 $CaCl_2$ 重悬两管沉淀。

（6）上述菌液中加入 15%～20% 灭菌甘油混匀，以 100 μL/ 管分装，置 –70℃备用。

B. 连接产物的转化

（1）将目的片段与 pGEM-T Easy 载体连接产物加入制备好的新鲜感受态细胞（从冰箱取出后，轻轻用手搓融化后），用预冷的枪头在管中轻轻旋转混匀，将该 EP 管置于冰上 30 min。

（2）之后将该 EP 管置于 42℃的水浴中，准确放置 60 s，不要振动 EP 管，快速将 EP 管转移到冰浴上，使其冷却 1～2 min。

（3）每管加 500 μL 液体 LB 培养基，37℃，220 r/min 振荡培养 45 min。

（4）4000 r/min 离心 3 min，弃部分上清，剩余约 200 μL 菌液并重悬混匀。

（5）将上述菌液与 4 μL IPTG（200 mg/mL）和 16 μL X-gal（50 mg/mL）混匀，涂于含 50 μg/mL 氨苄青霉素（Amp）的 LB 平板。置 37℃培养过夜，注意勿超过 20 h。

4）阳性克隆菌落的挑选和鉴定

A. 阳性克隆菌落的挑选和质粒的提取

用灭菌的牙签分别挑取含 IPTG 和 X-gal 的 LB 平板（AIX 平板）上生长出的白色菌落，接种于含 50 mg/L Amp 的 LB 培养液中，37℃，180 r/min 振摇过夜。采用碱裂解法提取重组质粒。

（1）取约 1.5 mL 培养物于微量离心管中，4℃，12 000 r/min 离心 30 s。弃上清液，使细菌沉淀尽可能干燥。将剩余培养物置 4℃保存。

（2）将细菌沉淀垂悬于 100 μL 用冰预冷的溶液Ⅰ（50 mmol/L 葡萄糖；25 mmol/L Tris-Cl，pH8.0；10 mmol/L EDTA，pH8.0）中，剧烈振荡。

（3）加 200 μL 新鲜配制的溶液Ⅱ（0.2 mol/L NaOH；1% SDS），盖紧管盖，轻轻颠倒离心管数次，混合内容物，将离心管置于室温 2～5 min。

（4）加 150 μL 用冰预冷的溶液Ⅲ（5 mol/L 乙酸钾 60 mL；冰醋酸 11.5 mL；水 28.5 mL, pH4.8）。盖紧管盖，温和地振荡 10 s，将离心管置于冰上 5 min。

（5）4℃，12 000 r/min 离心 5 min，将上清液移到另一离心管中。

（6）加入等体积的酚 : 氯仿 : 异戊醇（25 : 24 : 1），振荡混匀后，4℃，12 000 r/min 离心 5 min，将上清液移到另一离心管中。

（7）用 2 倍体积的无水乙醇沉淀 DNA，振荡混合后置于室温 2 min。

（8）4℃，12 000 r/min 离心 5 min。小心吸弃上清液，将离心管倒置于纸巾上，尽可能倾去液体。

（9）用适量 70% 乙醇洗涤沉淀 2 次，4℃，12 000 r/min 离心 5 min，按步骤（10）除去上清液后，在空气中干燥 10 min。

（10）用 50 μL 含无 DNA 酶的胰 RNA 酶（10 μg/mL）的 TE 溶液溶解核酸，

振荡混匀，储存于 –20℃备用。

B. 重组质粒的鉴定

（1）凝胶电泳鉴定：用碱裂解法从细菌培养物中提取质粒，进行 1% 琼脂糖凝胶电泳，与标准 DNA Marker 比较，分子质量初步鉴定。

（2）重组质粒酶切鉴定：用限制性内切核酸酶 *Eco*R Ⅰ消化重组质粒，酶切产物进行 1% 琼脂糖凝胶电泳，与标准 DNA Marker 比较，分子质量初步鉴定。

（3）重组质粒 PCR 鉴定：以重组质粒为模板，以 VP1 和 P1 相应的引物按 5.3.2.4 节和 5.3.2.5 节中扩增条件和程序进行 PCR 扩增。将 PCR 产物进行 1% 琼脂糖凝胶电泳，与标准 DNA Marker 比较，分子质量初步鉴定。

5.3.2.7 目的基因核苷酸序列的测定和分析

将上述鉴定后的阳性菌落接种于含 50 mg/L Amp 的液体 LB 培养基中，37℃振摇过夜，培养的菌液寄送大连宝生物公司测序。

5.4 结 果

5.4.1 目的基因的获得

通过 RT-PCR 法分别获得阿克苏（Akesu/O/58）FMDV 的结构基因 VP1 和 P1。经 1% 琼脂糖凝胶电泳检测分别为 850 bp 和 2500 bp 左右（图 5.1 和图 5.2）。

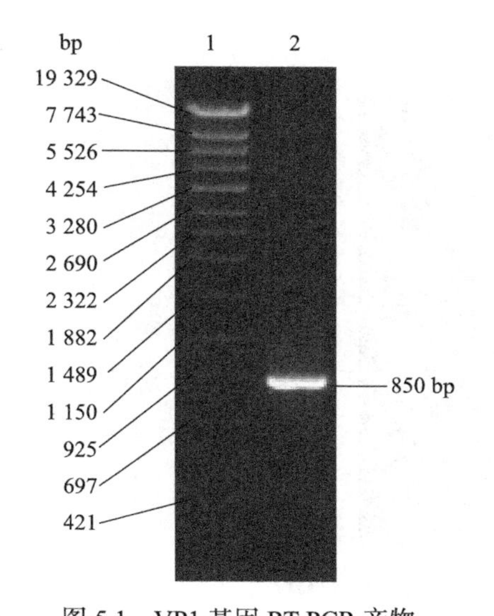

图 5.1 VP1 基因 RT-PCR 产物

1. DNA 分子质量标准； 2. VP1 基因 PCR 产物

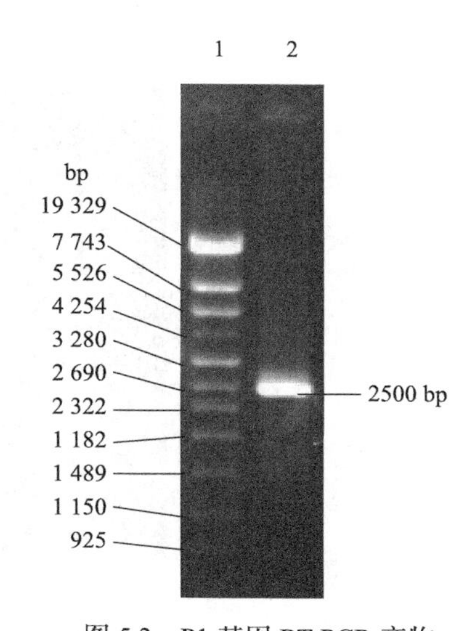

图 5.2 P1 基因 RT-PCR 产物

1. DNA 分子质量标准； 2. P1 基因 PCR 产物

5.4.2　目的基因的克隆与鉴定

重组质粒经凝胶电泳、PCR 和酶切鉴定后，证明重组质粒中连接有目的片段，PCR 扩增和酶切后均得到与目的片段大小相符的 DNA 片段（图 5.3 和图 5.4）。

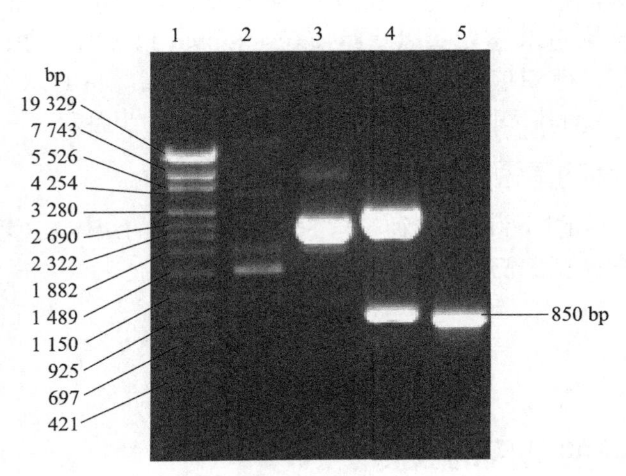

图 5.3　重组质粒 pGEM-T Easy-VP1 的鉴定

1. DNA 分子质量标准；2. pGEM-T Easy 质粒；3. 重组 pGEM-T Easy-VP1 质粒；4. 重组 pGEM-T Easy-VP1 质粒的 *Eco*R Ⅰ酶切图谱；5. 重组 pGEM-T Easy-VP1 质粒的 PCR 产物

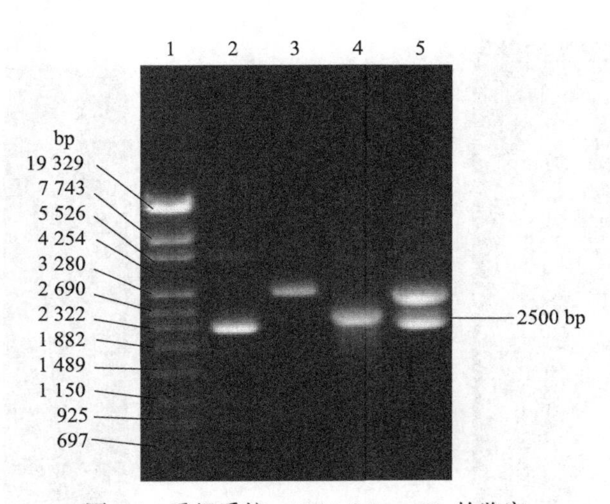

图 5.4　重组质粒 pGEM-T Easy-P1 的鉴定

1. DNA 分子质量标准；2. pGEM-T Easy 质粒；3. 重组 pGEM-T Easy-P1 质粒；4. 重组 pGEM-T Easy-P1 的 PCR 产物；5. 重组 pGEM-T Easy-P1 的 *Eco*R Ⅰ酶切图谱

5.4.3 目的基因的核苷酸和氨基酸序列

根据测序结果分析，本次所测的阿克苏（Akesu/O/58）FMDV 的结构基因 VP1 和 P1 分别为 639 bp 和 2208 bp 的 DNA 片段，核苷酸和氨基酸序列见附录。

5.5 讨 论

FMDV 是小 RNA 病毒科（Picornaviridae）口蹄疫病毒属（Aphthovirus）的成员，其基因组为单股正链 RNA，全长约为 8500 nt。其中只有 1 个开放阅读框，编码病毒的多聚蛋白，多聚蛋白经裂解后可形成 L 前导蛋白、P1 区结构蛋白、P2 和 P3 区非结构蛋白等。P1 区结构蛋白最终成熟裂解为 4 种结构蛋白（VP1、VP2、VP3、VP4）。编码结构蛋白 P1 区的基因有 2208 nt，编码 736 个氨基酸；其中 VP1 基因有 639 nt，编码 213 个氨基酸 [3,4]。FMDV 的结构蛋白含有该病毒的抗原表位（antigenic epitope）。研究表明，O 型 FMDV 至少有 5 个抗原位点，也是 FMDV 抗原变异的关键位点。其中，VP1 蛋白上至少有 3 个抗原位点 [5]，其余 2 个分别在 VP2 蛋白和 VP3 蛋白上 [6]。

本试验采用 RT-PCR 法，分别获得阿克苏（Akesu/O/58）FMDV 结构基因 P1 和 VP1。序列测定分析发现，P1 结构蛋白编码区的核酸序列为 2208 nt，编码 736 个氨基酸。其中 4 种结构蛋白 VP1、VP2、VP3 和 VP4 的基因分别由 639 nt、654 nt、660 nt 和 255 nt 组成，编码 213 个、218 个、220 个和 85 个氨基酸。VP4 与 VP2 的连接断裂点是 Ala/Asp，VP2 与 VP3 的连接断裂点是 Glu/Gly，VP3 与 VP1 的连接断裂点是 Gln/Thr，VP1 与 P2 从 Leu/Asn 间裂解，与刘在新 [7] 在 GenBank 公布的我国 FMDV 分离株阿克苏（Akesu/O/58）P1 序列大小和连接断裂点一致，两个 P1 基因核苷酸序列同源性为 87.4%，两个 P1 基因氨基酸序列同源性为 95.4%；两个 VP1 基因核苷酸序列同源性为 83.9%，两个 VP1 基因氨基酸序列同源性为 89.7%。

FMDV VP1 中的 140～160 位和 200～213 位氨基酸是最重要的两个免疫原区，这两个肽段是决定免疫原性的抗原决定簇，它集中了 O 型 FMDV 重要表位，这些氨基酸的改变会不同程度地影响抗原位点与相应单克隆抗体的反应性，其中 FMDV VP1 第 44（P）、144（V）、148（L）、154（K）和 208（P）位氨基酸是关键氨基酸 [8]。本试验用病毒株 VP1 的氨基酸与上述相应关键氨基酸完全一致。

结构蛋白 VP1 是诱导中和抗体的主要成分，在已发现的 O 型 5 个抗原位点中，有 3 个位于 VP1 上，其中 140～160 位氨基酸处的 G-H 环是最主要的保护性抗原位点，其顶部形成了一个高度保守的 Arg-Gly-Asp（RGD）序列，是 FMDV 的细胞受体位点。所有血清型毒株在该区段的氨基酸都比较保守，以保持病毒对细胞的侵染性 [9]。本试验用病毒株细胞受体结合位点基序是 RGD（Arg-

Gly-Asp），与 OHK99、O1K、Taiwan97 病毒株，以及葛淑敏[10]报道的 6 株 O 型 FMDV 的细胞受体结合位点基序 RGD 一致，而刘在新公布的分离株阿克苏（Akesu/O/58）FMDV 的细胞受体结合位点基序是 SGD（Ser-Gly-Asp）[4]。

研究表明，FMDV 的核酸极易发生变异，病毒经同一宿主多代复制后，RNA 就会出现点突变，这主要与 RNA 复制固有的不精确机制有关。此外，病毒经不同的宿主适应后，RNA 的变异程度会提高，这主要与选择压有关[11]。本试验中阿克苏（Akesu/O/58）病毒是从感染口蹄疫病毒的患牛的舌水疱皮中获取的，连续适应 3 代乳鼠后，由乳鼠肌肉组织中提取病毒总 RNA，采用 RT-PCR 法获得 P1 和 VP1 基因。在 PCR 扩增时，因 *Taq* DNA 聚合酶（非高保真 *Taq* DNA 聚合酶）没有 3′→5′ 的外切酶活力，所以对错配不具有校正功能。另外，PCR 扩增时，核苷酸易发生 A 与 G、C 与 T 的颠换。本试验是由病毒总 RNA 分别进行 RT-PCR 获得了 VP1 和 P1 基因，并将 VP1 和 P1 基因分别克隆到测序载体 pGEM-T Easy 中分别进行核苷酸序列测定，两序列中细胞受体结合位点基序均为 RGD，而且 VP1 基因的序列与 P1 基因中的 VP1 序列完全相同。但根据核苷酸序列，编码精氨酸（Arg，R）的密码子为 AGA，编码丝氨酸（Ser，S）的密码子为 AGU，排除了 PCR 扩增发生的错配。因此，本试验用病毒株细胞受体结合位点基序（RGD）与刘在新公布的从牛舌水疱皮中分离的阿克苏（Akesu/O/58）FMDV 株的细胞受体结合位点基序（SGD）不一致，是否是在适应不同宿主发生了突变仍需进一步探讨。

现已证明，RGD 基序识别的整联蛋白 $\alpha_v\beta_3$ 分子是 FMDV 感染牛的成功受体[12]。RGD 基序与整联蛋白结合的特异性和亲和力受侧翼 +1 和 +4 位的氨基酸残基的影响。本试验中 RGD 侧翼 +1 和 +4 位的氨基酸残基都是亮氨酸，这与 O 型和 C 型 FMDV 的 RGD 侧翼 +1 和 +4 位均为亮氨酸一致。这两个亮氨酸有促进细胞识别的作用，而且这些特殊的氨基酸残基在大多数田间分离株上都是保守的[13]。刘在新等[7]将阿克苏（Akesu/O/58）分离株感染体外培养的 BHK21、CHO 和 IB-RS-2 细胞系，经数代盲传后进行 VP1 基因序列分析，发现其细胞受体吸附核心区序列没有完全沿用亲本的 SGD，而变为 RGD 基序。同时还发现，细胞适应病毒后，VP1 中变异的氨基酸残基集中在 133～145 位，说明同一亲本适应不同的细胞系，VP1 易变区位于 G-H 环上的 133～145 位。本试验中，VP1 的 βG-βH 环上的 133～145 位氨基酸与刘在新公布的 VP1 的 βG-H 环上的 133～145 位氨基差异很大，13 个氨基酸残基中有 8 个不同。

FMDV 的 1D 基因编码的 VP1 蛋白暴露于病毒表面，不仅影响病毒遗传衍化和变异，而且也是决定病毒抗原性的主要成分。目前，国内外 FMDV 转基因植物方面的研究多选择 VP1 基因或其中含有的主要抗原表位（135～160 位氨基酸残基）[14～18]作为靶基因进行转化。Dus Santos 等[19]将 FMDV 的结构基因 P1 和 3C 蛋白酶基因成功转入苜蓿，动物实验证明所表达的蛋白质具有良好的抗原性和免疫原性。

阿克苏（Akesu/O/58）FMDV 是 1958 年在我国新疆阿克苏地区分离到的一株 O 型毒株，是中国农业科学院兰州兽医研究所最早用于生产口蹄疫病毒疫苗的毒株，也是我国搭载卫星上天的两株口蹄疫病毒中的一株。该毒株是我国（可能也是世界）出现年代最早的东亚遗传群毒株，目前还没有发现 1 株流行毒株能与其同处于一个谱系之中，在我国乃至全世界都是一个较独特的毒株，只有我国曾经使用过的源自该毒的弱毒疫苗株 OP4 与之同一谱系，其同源性为 96.9%。本试验选用阿克苏（Akesu/O/58）FMDV 的 VP1 和 P1 基因作为转化植物的靶基因，旨在探索 FMDV 转基因植物（牧草）可饲化疫苗（免疫原）的可行性，为建立一种低成本、安全有效和使用方便的新型疫苗体系提供试验基础。

5.6 结　　论

本试验将阿克苏（Akesu/O/58）口蹄疫牛舌皮毒适应乳鼠，连续传 3 代乳鼠复壮后，对处理的病毒液提取总 RNA，通过 RT-PCR 法分别获得该病毒结构基因 VP1 和 P1。分别将两个基因片段克隆到 pGEM-T Easy 载体进行核苷酸序列测定。结果表明，VP1 和 P1 基因分别由 639 nt 和 2208 nt 组成，与 GenBank 公布的分离株阿克苏（Akesu/O/58）FMDV 的 VP1 和 P1 基因核苷酸序列的同源性分别为 83.9% 和 87.4%，氨基酸序列的同源性为 89.7% 和 95.4%。本试验用病毒株与 OHK99、O1K、Taiwan97 病毒株的细胞受体结合位点均为 RGD，而 GenBank 公布的分离株阿克苏（Akesu/O/58）病毒株的细胞受体结合位点为 SGD。

参 考 文 献

[1] David D, Stram Y, Yadin H, et al. Foot and mouth disease virus replication in bovine skin langerhans cells in: vitro conditions detected by RT-PCR [J]. Virus Genes, 1995, 10（1）: 5-13.

[2] 萨姆希鲁克 J, 弗里奇 EF, 曼尼阿蒂斯 T. 分子克隆实验指南 [M]. 第 2 版 . 北京 : 科学出版社 , 1993: 16-40.

[3] 农业部畜牧兽医司编 . 家畜口蹄疫及其防制 [M]. 北京 : 中国农业科技出版社 , 1994: 28-34.

[4] 刘在新 . 口蹄疫病毒基因组及其编码蛋白一级结构研究 [D]. 北京 : 中国农业科学研究院博士研究生论文 , 2002.

[5] Xie QG, McCahan D, Crowther JR, et al. Neutralization of foot-and-mouth disease virus can be mediated through any of at least three separate antigenic sites [J]. Gen Virol, 1987,68:163-167.

[6] Strohmaier K, Franze R, Adman KH. Location and characterization of the antigenic portion of the FMDV immunization protein [J]. Gen Virol, 1982, 59: 295-360.

[7] http://www.ncbi.nlm.nih.gov/Foot-and-mouth disease virus O strain Akesu/58, complete

genome. ACCESSION：AF511039.

[8] Baxt B, Becker Y. The effect of peptides containing the arginine glycine aspartic acid sequence on the adsorption of foot-and-mouth disease virus to tissue culture cells[J].Virus Genes, 1990, 4:73-83.

[9] 张显新，刘在新，赵启祖，等. 口蹄疫病毒基因组 RNA 结构与功能研究进展 [J]. 病毒学报，2001, 17（4）: 375-380.

[10] 葛淑敏 , 金宁一 , 尹革芬 . 6 株 O 型口蹄疫病毒结构蛋白 VP1 基因的克隆与序列分析 [J]. 中国病毒学 , 2004,19（3）: 264-267.

[11] 刘在新 , 包惠芳 , 陈应理 , 等 . 阿克苏（Akesu/O/58）口蹄疫病毒适应不同细胞系后 SGD 三肽的变化 [A]. 中国畜牧兽医学会口蹄疫学分会第九次全国口蹄疫学术研讨会论文集 , 2003: 38-40.

[12] Neff SD, Sa-Carvalho D, Rieder E, et al. Foot-and-mouth disease virus virulent for cattle utilizes the integrin $\alpha_v\beta_3$ as its receptor [J]. Virol, 1998,72: 3587-3594.

[13] Leipert M, Beck E, Weiland F, et al. Point mutations within the βG-βH loop of foot-and-mouth disease virus O1K affect virus attachment to target cells [J]. Virol, 1997, 71: 1046-1051.

[14] Carrillo C, Wigdorovitz A, Oliveros JC, et al. Protective immune response to foot-and-mouth disease virus with VP1 expressed in transgenic plants [J]. Virol, 1998: 1688-1690.

[15] Carrillo C, Wigdorovitz A, Trono K, et al. Induction of a virus–specific antibody response to foot-and-mouth disease virus using the structural protein VP1 expressed in transgenic potato plants [J]. Viral Immunol, 2001, 14: 49-57.

[16] Wigdorovitz A, Carrillo C, Maria J, et al. Induction of a protective antibody response to foot-and-mouth disease virus in mice following oral or parenteral immunization with alfalfa transgenic plants expressing the viral structural protein VP1 [J]. Virol, 1999, 255:347-353.

[17] Wigdorovitz A, Perez FDM, Robertson N, et al. Protective of mice against challenge with foot-and-mouth disease virus（FMDV）by immunization with foliar extracts from plants infected with recombinant tobacco mosaic virus expressing the FMDV structural protein VP1 [J]. Virol, 1999, 264:85-91.

[18] 李昌 , 金宁一 , 王罡 , 等 . 基因枪法转化马铃薯及转基因植株的获得 [J]. 作物杂志 , 2003, 1:12-14.

[19] Dus Santos MJ, Carrillo C, Ardila F, et al. Development of transgenic alfalfa plants containing the foot and mouth disease virus structural polyprotein gene P1 and its utilization as an experimental immunogen [J]. Vaccine, 2005, 23（15）: 1838-1843.

6　植物双元表达载体的构建

6.1　目　　的

采用三亲融合法，将第 5 章中克隆的阿克苏（Akesu/O/58）FMDV 的 VP1 和 P1 基因片段分别与植物表达质粒 pBin438 构建植物双元表达载体。

6.2　基本原理与技术路线

双元载体系统是指在一个农杆菌株系中含有两个彼此分离的质粒。一个质粒为 T-DNA 缺失的突变型，完全丧失了致瘤能力，其主要的功能是激活处于反式位置上的 T-DNA 转移，它既能在大肠杆菌中复制，又能在农杆菌中复制，并能够从大肠杆菌迁移到农杆菌中。另一个质粒是含有 vir 基因的 Ti 衍生质粒，是体外组建的微型 Ti 质粒（mini-Ti plasmid），又称为中间表达质粒，含有可插入外源基因的 T-DNA 区。

本试验用植物表达质粒 pBin438 大小为 13.6 kb，其 T-DNA 区含有选择性报告基因 Npt Ⅱ、花椰菜花叶病毒启动子（CaMV 35S）、Ω 增强序列、UT 加尾序列和终止子等重要元件。P1/VP1 基因插入启动子后的 Ω 增强序列和终止子间，通过转录和翻译，以实现目的基因基因在植物中的表达。

根据中间表达质粒 pBin438 的多克隆位点，分别设计两对引物，其中上游引物中含有 *Bam*H Ⅰ酶切位点和 Kozak 序列等元件，下游引物含有 *Sal* Ⅰ酶切位点。分别以 pGEM-T Easy-VP1 和 pGEM-T Easy-P1 质粒为模板，用相应的引物进行 PCR 扩增，分别构建中间表达载体 pBinVP1 和 pBinP1，对重组载体进行 PCR 扩增、*Bam*H Ⅰ/*Sal* Ⅰ双酶切鉴定及目的基因序列测定。采用三亲融合法构建植物双元表达载体，在含 50 mg/L Kan、25 mg/L Str 和 50 mg/L Rif 的 YEB 培养基上筛选，并通过目的基因的 PCR 扩增来鉴定构建的双元表达载体 pBinFMDV-VP1 和 pBinFMDV-P1。

6.3　材料与方法

6.3.1　材料

6.3.1.1　菌种和质粒

辅助质粒 pRK2013、农杆菌 LBA4404、大肠杆菌 DH5α 由中国农业科学院生物技术研究所刘德虎研究员提供。pBin438 质粒由中国科学院遗传所惠赠，pGEM-T Easy 质粒购自 Promega 公司。pGEMT-Easy-VP1 和 pGEMT-Easy-P1 质粒为第 5 章试验获得。

6.3.1.2　工具酶和试剂

限制性内切核酸酶、PCR 试剂盒、T4 DNA 连接酶购自大连宝生物公司。PCR 引物由上海生工生物公司合成。Str、Kan 和 Rif 购自 Amresco 公司。标准 DNA Marker 购自 BBI 公司。其他化学式剂均为分析纯。

6.3.2　方法

6.3.2.1　引物的合成

根据获得的结构基因 VP1 和 P1 的核苷酸序列与 pBin438 质粒上多克隆酶切位点，分别设计两对引物 VP1-1、VP1-2 和 P1-1、P1-2。其中，上游引物 VP1-1 和 P1-1 中设计了 *Bam*H Ⅰ酶切位点、起始密码子 ATG、Kozak 序列等；VP1-2 和 P1-2 下游引物中设计了 *Sal* Ⅰ酶切位点等。pBin438 质粒 T-DNA 区结构如图 6.1 所示。

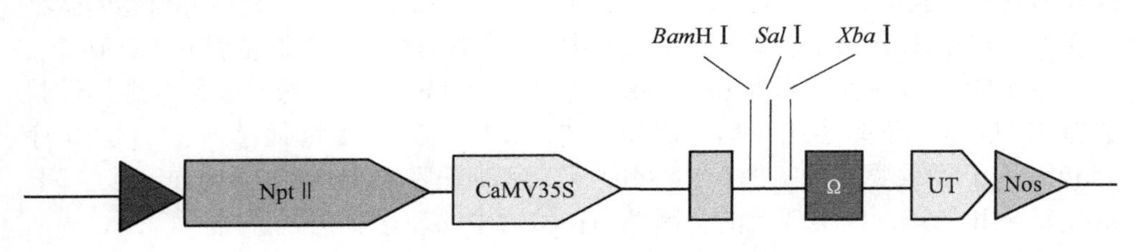

图 6.1　pBin438 质粒 T-DNA 区结构

设计的引物如下：

VP1-1：ATG GAT CCA ACA ATG ACC ACC TCA CCG GGT GAG TCA

VP1-2：CAG GTC GAC CAA GAG CTG TCT TTC AGG TGC CAC AAT

P1-1：ATG GAT CCA ACA ATG AAC GAA GGG TCC ACG GAC AC

P1-2：ATG TCG ACC AAA AGC TGT TTC TCA GGT GCC

6.3.2.2　目的基因的 PCR 扩增

以第 5 章中的重组质粒 pGEM-T Easy-VP1 和 pGEM-T Easy-P1 为模板，分别以上述两对新引物扩增新 DNA 片段。

扩增体系	总体积 50 μL
10× 扩增缓冲液	5 μL
$MgCl_2$（25 mmol/μL）	3 μL

续表

扩增体系	总体积 50 μL
dNTP（2.5 mmol/μL）	4 μL
VP-1 或 P1-1（50 pmol/μL）	1.5 μL
VP-2 或 P1-2（50 pmol/μL）	1.5 μL
pGEM-T Easy-VP1 或 pGEM-T Easy-P1	1 μL
ddH_2O	33.5 μL
Taq DNA 聚合酶（5 U/μL）	0.5 μL

混匀后稍微离心，按以下程序进行 PCR 扩增：95℃预变性 5 min；94℃ 60 s、59℃ 90 s、72℃ 180 s，30 个循环后，72℃延伸 10 min。以标准 DNA Marker 作为分子质量参照物，1% 琼脂糖凝胶电泳。

6.3.2.3 目的基因的纯化和回收

采用“V”字形内槽电泳洗脱法。

（1）将上述 PCR 产物用新配制的 1% 低熔点琼脂糖凝胶（熔点为 64℃）在新配制的 1×TBE 缓冲液中进行电泳，电泳槽及梳子事先应清洗干净。

（2）在长波长紫外灯下观察电泳结果，与标准 DNA Marker 比较后确定目的 DNA 条带，用手术刀片切下含目的 DNA 片段的凝胶块，将凝胶块置于“V”字形内槽负极端储胶室中。

（3）用带长针头的注射器，向“V”字形内槽管底加入 50~100 μL 高盐电泳洗脱缓冲液（7.5 mol/L 乙酸铵；1% 甘油；10 mmol/L Tris-Cl，pH7.8；0.05% 溴酚蓝），然后用 TBE 充满“V”字形内槽，最后在电泳装置中灌入 TBE 至恰好与储胶室中凝胶表面相平，注意不要使 TBE 溢过中央隔板。

（4）接通电源，100 V 电压，洗脱 20 ～40 min，用手提式长波长紫外线灯检查凝胶条中 DNA 带是否洗脱完全，未洗脱完全需延长电泳洗脱时间，但时间不宜超过 2 h，否则“V”字形内槽底部的高盐洗脱缓冲液中溴酚蓝会迁移或扩散到 TBE 中。

（5）先放出电泳装置中的 TBE 缓冲液，用微量加样器吸出“V”字形内槽中的上层 TBE 缓冲液，然后吸出下层含溴酚蓝的高盐洗脱液，将其移至 EP 管中，加入 1 倍体积的 TE 缓冲液冲洗“V”字形内槽，合并两部分液体。

（6）分别用酚、酚∶氯仿（1∶1）、氯仿抽提 DNA 电泳洗脱液各 1 次。

（7）上清液加 2 倍体积的无水乙醇，–20℃放置 30 min，室温 12 000 r/min 离心 10 min。

（8）70% 乙醇漂洗沉淀 2 次，12 000 r/min 离心 5 min，弃上清液，在空气中干燥 10 min，加入适量 TE 缓冲液（pH7.6）溶解 DNA。

6.3.2.4　中间表达载体的构建

构建流程见图 6.2 和图 6.3。

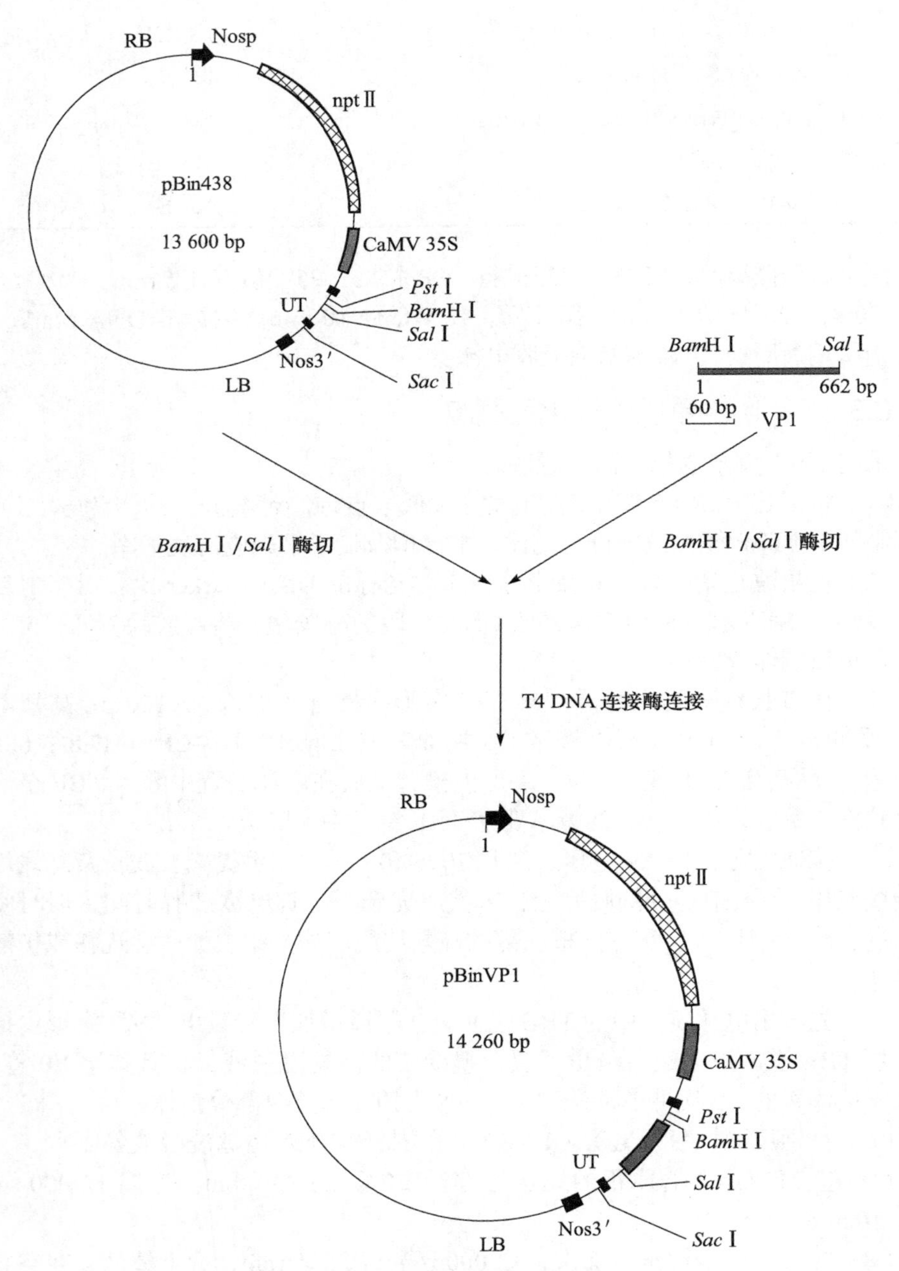

图 6.2　质粒 pBinVP1 的构建流程

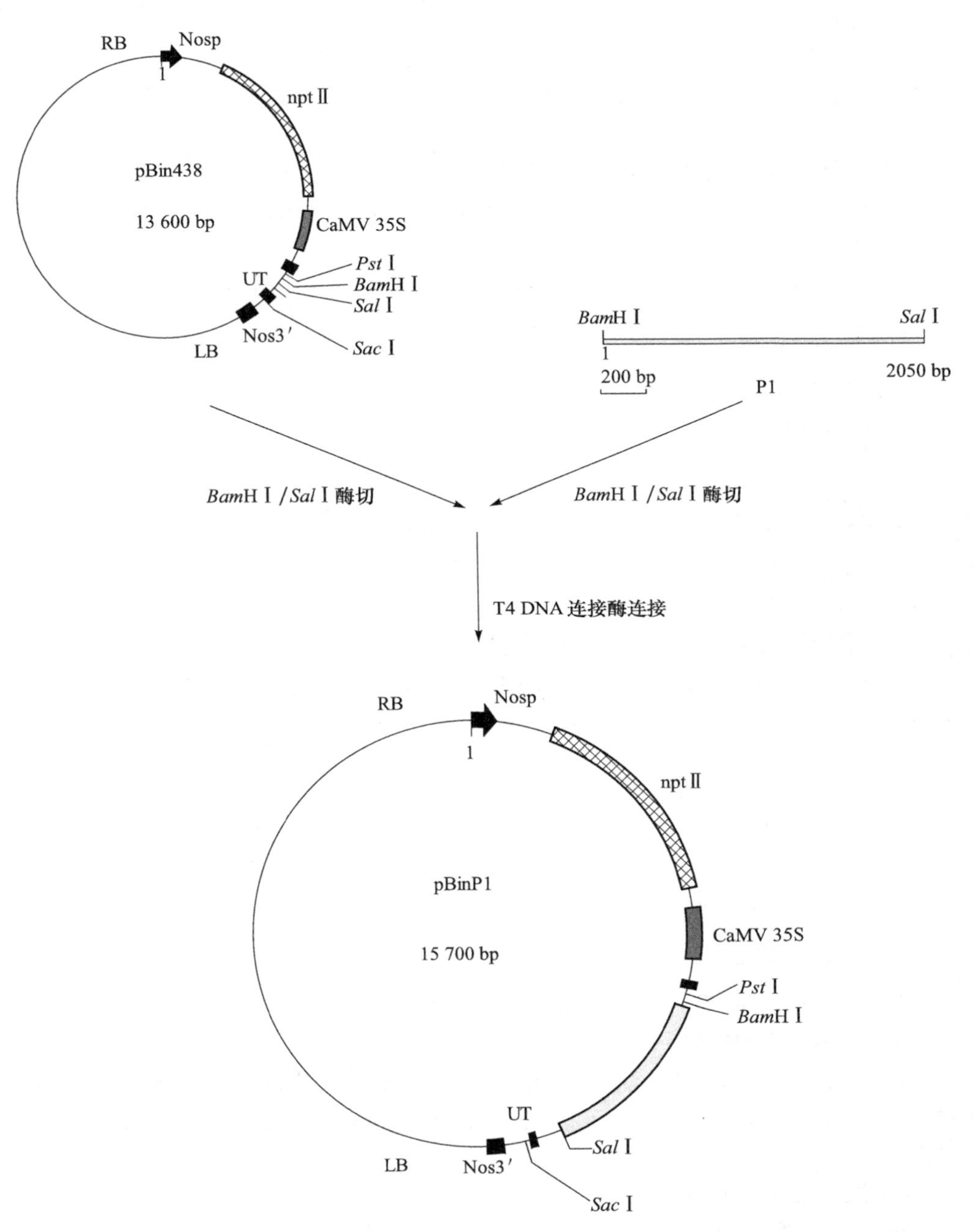

图 6.3 质粒 pBinP1 的构建流程

1）质粒 pBin438 的提取

方法同 5.3.2.6 节。

2）目的基因和质粒 pBin438 的纯化回收

将新扩增的 VP1、P1 基因和提取的质粒 pBin438，按 6.3.2.3 节中方法纯化、回收。

3）目的基因和质粒 pBin438 的酶切

目的基因和质粒 pBin438 分别用 *Bam*H Ⅰ和 *Sal* Ⅰ双酶切，通过 1% 琼脂糖凝胶电泳鉴定。

酶切体系	总体积 40 μL
1.5× 酶切缓冲液	6 μL
DNA（VP1 或 P1 或 pBin438）	6 μL 或 8 μL 或 10 μL
*Bam*H Ⅰ	1.5 μL
Sal Ⅰ	1.5 μL
ddH_2O	25 μL 或 23 μL 或 21 μL

置 37℃温箱中作用 2～3 h，经 1% 琼脂糖凝胶电泳分片段，按 6.3.2.3 节中的方法纯化和回收。

4）目的基因和质粒 pBin438 的连接

将酶切回收的质粒和目的基因 DNA，在 T4 DNA 连接酶作用下连接。

连接体系	总体积 12 μL
10× 连接缓冲液	1.2 μL
DNA（VP1 或 P1）	2 μL
质粒 pBin438	6 μL
T4 DNA 连接酶	1 μL
ddH_2O	1.8 μL

混匀、稍事离心后，置 16℃恒温水浴连接过夜。

5）连接产物的转化

按 5.3.2.6 节中 3）的方法制备 DH5α 感受态细胞，并将连接产物转化 DH5α 感受态细胞。转化后将转化菌液涂于含 50 mg/L Kan 的 LB 平板，置 37℃培养过夜。

6）重组质粒的鉴定

挑取单菌落于 3～5 mL 含 50 mg/L Kan 的 LB 液体培养基中，37℃振摇过夜。按 5.3.2.6 节中 4）的方法筛选和鉴定重组质粒 pBinVP1、pBinP1。

6.3.2.5 目的基因的序列测定

对重组质粒 pBinVP1、pBinP1 分别用 *Bam*H Ⅰ和 *Sal* Ⅰ双酶切，酶切的 DNA 片段经纯化、回收后，再分别与 pGEM-T Easy 连接（方法同 5.3.2.6 节），转化大肠杆菌 JM109 感受态细胞，进行阳性克隆的筛选和鉴定［方法同 5.3.2.6 节 4）］。挑取鉴定含有目的基因的阳性单菌落，接种于含 50 mg/L Amp 的液体 LB 培养基，37℃振摇过夜，将培养的菌液寄送测序。

6.3.2.6 植物双元表达载体的构建

1）三亲融合法

将分别含有上述中间表达质粒 pBinVP1、pBinP1 和辅助质粒 PRK2013 的 DH5α 菌分别在含 50 mg/L Kan 的 LB 培养基上划线，37℃培养活化 2～3 次。根癌农杆菌 LBA 4404 在含 25 mg/L Str 和 50 mg/L Rif 的 YEB 培养基[1]上划线，于 28℃培养活化 2～3 次。分别刮取菌苔，用适量灭菌液体 MS 培养基[2]分别垂悬上述 pBinVP1、pBinP1、PRK2013、LBA 4404 四种菌苔，5000 r/min 离心 5 min，弃上清。将 pBinVP1 和 pBinP1 菌沉淀分别与 PRK2013 和 LBA 4404 两菌沉淀混合，于 28℃培养过夜。取 50～100 μL 的培养物于含 50 mg/L Kan、25 mg/L Str 和 50 mg/L Rif 的 YEB 培养基上涂平板，28℃培养 2～3 天后，挑单菌落再在含上述三种抗生素的 YEB 培养基上划线培养、活化 2～3 次。

2）农杆菌质粒的提取

对文献 [3] 中的方法进行适当改动。挑取上述三亲融合后活化的单菌落于含 50 mg/L Kan、25 mg/L Str 和 50 mg/L Rif 的液体 YEB 培养基中，28℃摇菌过夜，菌液提取质粒。

（1）取 3～4 mL 菌液，4000 r/min 离心 10 min，弃上清，沉淀用 300 μL STE（EDTA 1 mmol/L；Tris-HCl 10 mmol/L，pH8.0；NaCl 1 mol/L）洗涤 2 次。

（2）上述沉淀中加入 100 μL 溶液Ⅰ（50 mmol/L 葡萄糖；25 mmol/L Tris-Cl，pH8.0；10 mmol/L EDTA，pH8.0），20 μL 溶菌酶，重悬后，室温放置 10 min。

（3）加入 200 μL 溶液Ⅱ（0.2 mol/L NaOH；1% SDS），盖紧管盖，轻轻颠倒离心管数次，室温放置 5 min。

（4）加入 100 μL 溶液Ⅲ（5 mol/L 乙酸钾 60 mL；冰醋酸 11.5 mL；水 28.5 mL）。轻轻颠倒离心管数次，充分混合，室温放置 10 min。

（5）加入 50 μL NaAc（3 mmol/L），颠倒离心管数次，–20 ℃冰箱沉淀 15 min。

（6）10 000 r/min 离心 5 min，将上清液移到另一离心管中，加入 2 倍体积预冷的无水乙醇，–20℃冰箱放置 1 h。

（7）10 000 r/min 离心 5 min，弃上清，沉淀中加入 125 μL NaAc（0.3 mmol/L），重悬沉淀，加入 250 μL 无水乙醇，颠倒离心管数次，–20℃冰箱放置 15 min。

（8）10 000 r/min 离心 5 min，弃上清。加入适量的 70% 乙醇洗涤沉淀，干燥。

（9）用适量含 RNaseA（20 μg /mL）的 TE 溶液回溶，振荡混匀，贮存于 –20℃冰箱备用。

3）目的基因的 PCR 检测

以上述提取的质粒为模板，按 6.3.2.2 节中的程序和方法进行目的基因的 PCR 检测。

6.4 结　　果

6.4.1 目的基因的扩增

用新合成的两对引物 VP1-1、VP1-2 和 P1-1、P1-2，分别以重组质粒 pGEM-T Easy-VP1 和 pGEM-T Easy-P1 为模板进行 PCR 扩增，经 1% 琼脂糖凝胶电泳检测发现，分别约为 660 bp 和 2100 bp 的 DNA 条带（图 6.4 和图 6.5）。

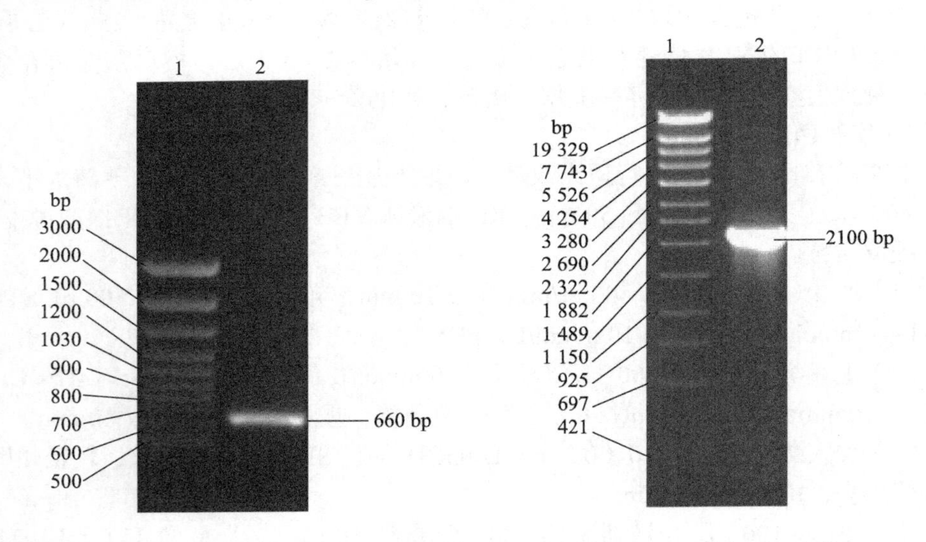

图 6.4　VP1 基因 PCR 产物

1. DNA 分子质量标准；2. VP1 基因 PCR 产物

图 6.5　P1 基因 PCR 产物

1. DNA 分子质量标准；2. P1 基因 PCR 产物

6.4.2 中间表达载体的鉴定

经 1% 琼脂糖凝胶电泳、PCR 和酶切鉴定后，证明目的基因片段已正确插入到重组中间表达载体 pBinVP1 和 pBinP1 中。其中，中间表达载体 pBinVP1 选用了 VP1 全长基因，而中间表达载体 pBinP1 中插入了去除 P1 全长序列中前 141 bp

后的 2067 bp 基因。PCR 扩增和酶切后均得到预期大小的 DNA 片段（图 6.6 和图 6.7）。

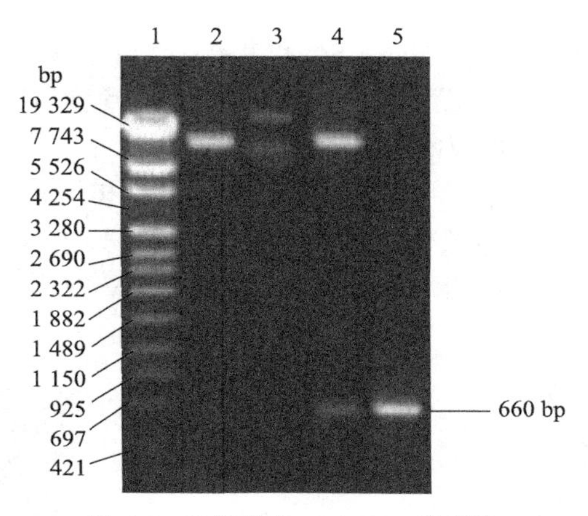

图 6.6　重组质粒 pBinVP1 的鉴定

1. DNA 分子质量标准；2. 质粒 pBin438；3. 重组质粒 pBinVP1；4. 重组质粒 pBinVP1 的 *Bam*H Ⅰ和 *Sal* Ⅰ酶切图谱；5. 重组质粒 pBinVP1 的 PCR 产物

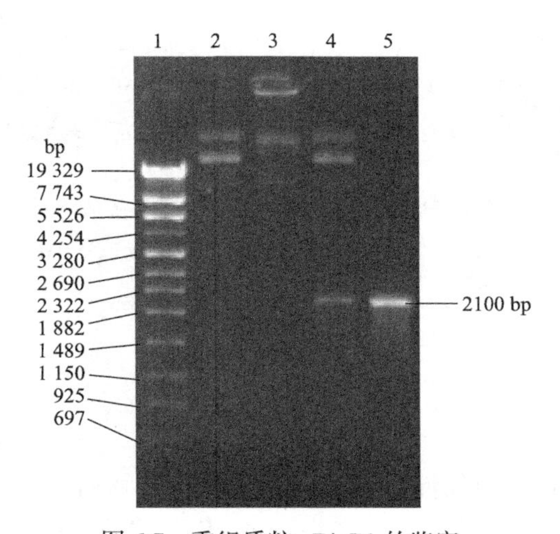

图 6.7　重组质粒 pBinP1 的鉴定

1. DNA 分子质量标准；2. 质粒 pBin438；3. 质粒 pBinP1；4. 重组质粒 pBinVP1 的 *Bam*H Ⅰ和 *Sal* Ⅰ酶切图谱；5. 重组质粒 pBinP1 的 PCR 产物

6.4.3　目的基因核苷酸序列测定与分析

根据测序结果分析，所测目的基因上游序列中含有 *Bam*H Ⅰ酶切位点、Kozak 序列、起始密码子 ATG，下游序列中含有 *Sal* Ⅰ酶切位点，与原来的核苷酸序列比对，核苷酸序列完全一致。

6.4.4　植物双元表达载体的构建和鉴定

三亲融合后的菌液能在含 Kan、Str 和 Rif 三种抗生素的 YEB 培养基上生长，说明中间表达质粒已通过辅助质粒 pRK2013，转移到含有辅助 Ti 质粒的根癌农杆菌 LBA 4404 中。以引物 VP1-1、VP1-2 和 P1-1、P1-2 分别对提取的农杆菌质粒进行 PCR 扩增，经 1% 琼脂糖凝胶电泳检测，分别扩增到约 660 bp、2100 bp 大小的条带，与构建中间表达载体用的 VP1 和 P1 基因大小一致（图 6.8 和图 6.9），说明植物双元表达载体 pBinFMDV-VP1 和 pBinFMDV-P1 构建正确。

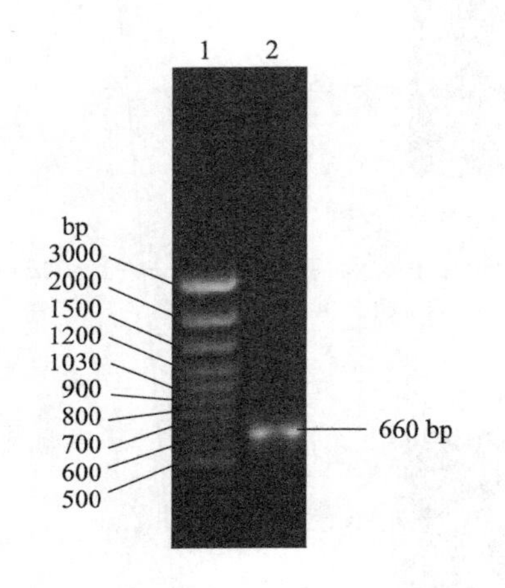

图 6.8　根癌农杆菌质粒 VP1 基因 PCR 产物
1. DNA 分子质量标准；2. 根癌农杆菌质粒 VP1 基因 PCR 产物

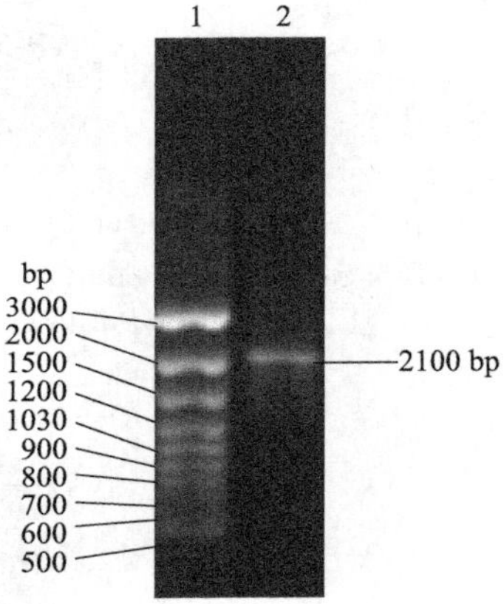

图 6.9　根癌农杆菌质粒 P1 基因 PCR 产物
1. DNA 分子质量标准；2. 根癌农杆菌质粒 P1 基因 PCR 产物

6.5　讨　论

基因工程是在离体的条件下将不同生物的遗传物质进行人为“加工”，并按人们的意愿重新组合，以改变生物的性状和功能，然后再通过适当的载体将重组 DNA 转入生物体或细胞内，使其在生物体内或细胞中表达，从而获得新的生物机能或可利用蛋白。植物发生基因转化的首要前提是外源基因进入并到达细胞核内，在受体植物染色体上找到缺口，从而使外源基因片段嵌入。

在植物基因转化的研究中已建立了多种转化系统，如载体转化系统、原生质体 DNA 直接导入转化系统、基因枪 DNA 导入转化系统及利用生物种质细胞（如花粉粒）介导的转化系统等。载体转化系统是目前使用最多、机制最清楚、技术最成熟、成功实例最多的一种转化系统，也是植物基因工程最重要的一种转化系统。载体转化系统中，根癌农杆菌 Ti 质粒转化载体较发根农杆菌 Ri 质粒转化载体和病毒转化载体常用。植物基因转化载体有一元载体和双元载体。一元载体又称为共整合载体，该载体的 T-DNA 和 Vir 区在同一质粒 Ti 上，将外源基因先克隆在质粒中，通过接合转移的方式将携带外源基因的质粒引入农杆菌中，该质粒和农杆菌的 Ti 质粒的 T-DNA 区域有部分的同源序列，通过体内同源重组，外源基因整合到 Ti 质粒 T-DNA 区的同源区域。双元载体系统是指在一个农杆菌株系中含有两个彼此分离又相容的 Ti 质粒，其中一个质粒含有 T-DNA 转移所必需的 Vir 区段的辅助质粒，此质粒是 T-DNA 缺失或部分缺失的突变型，完全丧失了致瘤能力，其主要的功能是激活处于反式位置上的 T-DNA 转移。另一个质粒是含有 T-DNA 区段的、寄生范围广泛的 Ti 衍生质粒，是体外组建的微型 Ti 质粒（mini-Ti plasmid），又称为中间表达质粒，含有可插入外源基因的 T-DNA 区，它既能在大肠杆菌中复制，又能在农杆菌中复制，并能够从大肠杆菌迁移到农杆菌中，是一种大肠杆菌和农杆菌穿梭质粒[4,5]。本试验中间表达质粒 pBin438 的 T-DNA 区含有 CaMV 35S 启动子、Ω 增强序列、选择性标记基因 npt Ⅱ、UT 加尾序列和终止子等。目的基因 VP1 和 P1 分别插入启动子后的 Ω 增强序列和终止子间。研究发现，真核生物 mRNA 起始密码子前 100 bp 的非转译序列是其正常转译所必需的，这段 RNA 的碱基组成对转译活性有重要影响。来自烟草花叶病毒（TMV）的 126 kDa 蛋白的 Ω 序列（63 bp）可以使 RNA 转译活性提高 10 倍[6]。Biemelt 等[7]在研究人类乳头瘤病毒（human papilloma virus，HPV）衣壳蛋白 L1 基因在烟草和马铃薯中的转化时，也发现在表达载体中引入 Ω 增强序列能大大提高转录稳定性，增加表达的 L1 蛋白在烟草和马铃薯中积累。

本研究采用根癌农杆菌的载体介导系统进行遗传转化。中间表达质粒 pBin438 大小为 13.6 kb，其 T-DNA 区含有选择性报告基因 npt Ⅱ、花椰菜花叶病毒 35S 启动子（CaMV 35S）、Ω 增强序列、UT 加尾序列和 Nos 终止子等重要元件。目的基因插入启动子和终止子间，通过转录和翻译，以实现目的蛋白的表达。

本试验通过对重组中间表达质粒 pBinVP1 和 pBinP1 酶切、PCR 扩增鉴定，以及目的基因核苷酸序列测定，证实了序列中含有 Kozak 有效翻译起始基序、起始密码子 ATG 和相关限制性内切核酸酶酶切位点等，表明中间表达载体构建正确。采用三亲融合法构建了双元载体 pBinFMDV-VP1 和 pBinFMDV-P1，中间表达载体 pBinVP1 和 pBinP1 分别通过 *E. coli* 的辅助质粒 pRK2013 结合转移到含有辅助 Ti 质粒 PAL 4404 的根癌农杆菌 LBA4404 细胞内。由于协助质粒 pRK2013 不能在农杆菌中复制而自行消失，含有中间表达载体和辅助 Ti 质粒的农杆菌可以直接用于植物细胞的转化和表达。双元载体不需经过两个质粒的共整合过程，不仅构建操作简单、易于转移到农杆菌中，而且双元载体在外源基因的植物转化中效率高于共整合载体。

6.6 结　　论

本研究根据中间表达质粒 pBin438 的多克隆位点，分别设计两对引物，其中上游引物中含有 *Bam*H Ⅰ酶切位点和 Kozak 序列等元件，下游引物含有 *Sal* Ⅰ酶切位点。分别以 pGEM-T Easy-VP1 和 pGEM-T Easy-P1 质粒为模板，用相应的引物进行 PCR 扩增，分别构建中间表达载体 pBinVP1 和 pBinP1，试验通过对重组中间表达载体 pBinP1 进行酶切、PCR 扩增及核苷酸序列测定，确定了序列中含有 Kozak 有效翻译起始基序、起始密码子 ATG 和相关限制性酶切位点等，表明中间表达载体构建正确。采用三亲融合法构建了含有口蹄疫病毒 VP1/P1 基因的植物双元表达载体 pBinFMDV-VP1 和 pBinFMDV-P1。三亲融合后的农杆菌能在含适量 Kan、Str 和 Rif 的 YEB 培养基上生长，说明中间表达质粒已通过协助质粒 pRK2013，转移到含有辅助 Ti 质粒的根癌农杆菌 LBA4404 中。对提取的农杆菌质粒进行 PCR 扩增，经 1% 琼脂糖凝胶电泳检测到预期大小的条带，说明植物双元表达载体 pBinFMDV-P1 构建正确。

参 考 文 献

[1] 王关林，方宏筠．植物基因工程 [M]. 第 2 版．北京：科学出版社，2002:325, 296-297.

[2] Zhang JY, LiangYE, Li L, et al. Obtainment of transgenic tobacco harboring phbA, phbB and phbC genes by twice transformation [J]. Acta Botanica Sinica, 2001, 43（1）: 59-62.

[3] 萨姆希鲁克 J, 弗里奇 EF, 曼尼阿蒂斯 T. 分子克隆实验指南 [M]. 第 2 版．北京：科学出版社，1993: 16-40.

[4] Zupan JR, Zambryski P. Transfer of T-DNA from *Agrobacterium* to plant cell [J]. Plant Physiol, 1995, 107: 1041-1047.

[5] 孙晗笑，陆大祥，刘飞鹏．转基因技术理论与应用 [M]. 郑州：河南医科大学出版社，2000:484-485

[6] 年红鹃．胸腺肽生菜及转基因生菜的筛选与鉴定 [D]. 杨陵：西北农林科技大学硕士研究生论文，2003.

[7] Biemelt S, Sonnewald U, Galmbacher P, et al. Production of human papillomavirus type 16 virus-like particles in transgenic plants [J]. Virol, 2003, 77（17）: 9211-9220.

7 根癌农杆菌介导的阿克苏（Akesu/O/58）FMD结构基因VP1在烟草中的转化与表达

7.1 目　　的

采用根癌农杆菌介导法，分别将前期构建的植物双元表达载体 pBinFMDV-VP1 和 pBinFMDV-P1 转化到烟草中，检测和筛选阳性转基因植株。

7.2 技 术 路 线

采用根癌农杆菌介导法分别将双元表达载体 pBinFMDV-VP1 和 pBinFMDV-P1 转化 NC 89 烟草叶盘，转化外植体诱导的愈伤、芽和生根等阶段均在含 200 mg/L Kan 的相应培养基上筛选，获得 pBinFMDV-VP1 和 14 株 pBinFMDV-P1 抗性植株。对抗性植株总 DNA 进行 VP1 基因的 PCR 检测，并对 pBinFMDV-VP1 阳性植株提取总 RNA 进行 VP1 基因的 RT-PCR 检测。随机选取阳性植株进行 VP1 基因的 DNA 点杂交和 PCR-Southern Blot 检测，筛选与鉴定稳态表达的阳性转基因植株。

7.3 材料与方法

7.3.1 材料

7.3.1.1 试剂及试剂盒

6-BA、NAA、Str、Kan、Rif 和 Carb 购自 Amresco 公司。PCR 扩增试剂盒、植物总 RNA 提取试剂盒和反转录酶试剂盒分别购自大连宝生物公司、QIAGEN 公司和 Promega 公司。口蹄疫病毒豚鼠抗血清、ELISA 诊断试剂盒由中国农业科学院兰州兽医研究所马军武研究员提供。碱性磷酸酶（AKP）标记的兔抗豚鼠 IgG 购自 Sigma 公司。标准分子质量 DNA Marker 和标准蛋白分子质量 Marker 分别购自 BBI 公司和 MBI 公司。聚偏氟乙烯（PVDF）膜、BCIP/NBT、尼龙膜、DIG 标记试剂盒和检测试剂盒购自华美公司、罗氏公司。其他化学试剂均为分析纯。

7.3.1.2　载体和种子

植物转化双元表达载体 pBinFMDV-VP1 和 pBinFMDV-P1 为作者第 6 章所构建。NC 89 烟草种子由中国农业科学院刘德虎研究员惠赠。

7.3.2　方法

7.3.2.1　烟草无菌苗的培养和继代

将 NC 89 烟草种子在 10% 次氯酸钠溶液中浸泡 20 min，进行表面消毒。用灭菌水充分清洗后播种于 MS_0 固体培养基上，23～25℃、2000 lx 光照强度、8 h 黑暗 /16 h 光照的光周期培养烟草无菌苗。通过腋芽切段培养方式进行继代扩繁。

7.3.2.2　烟草转化基本培养基

（1）MS_0 培养基：MS 基本成分 [1]+ 蔗糖 30 g/L，pH5.8。

（2）TC（共培养培养基）：MS_0 + 6-BA（1 mg/L）+ NAA（0.1 mg/L），pH5.8。

（3）TB（分化培养基）：MS_0 + 6-BA（1 mg/L）+ NAA（0.1 mg/L）+ Kan（200 mg/L）+ Carb（500 mg/L），pH5.8。

（4）TM（继代培养基）：MS_0 + NAA（0.1 mg/L）+ Kan（200 mg/L）+ Carb（500 mg/L pH5.8。

（5）TR（生根培养基）：MS_0 + Kan（200 mg/L）+ Carb（500 mg/L），pH5.8。

7.3.2.3　烟草的遗传转化

（1）活化转化双元载体农杆菌。参照文献 [2] 方法进行转化，进行了适当改进。

（2）取无菌苗叶片，用锋利的刀片切去叶边缘和中脉，切成边长约 0.5 cm 的小块。

（3）将切好的外植体分为两部分，分别置于活化稀释后的双元载体 pBinFMDV-VP1 和 pBin FMDV-P1 农杆菌悬液中浸泡 5 min，用灭菌滤纸吸干外植体表面液体。

（4）将侵染后的外植体放于铺有一层灭菌滤纸的 TC 共培养基上，25℃黑暗培养 3 天。

（5）将外植体转移到 TB 分化培养基上，23～25℃、2000 lx 光照强度、8 h 黑暗 /16 h 光照光周期培养，10 天后转至 TM 继代培养基，每 10 天换一次 TM 培养基。

（6）待抗性芽生长至 2～3 cm 高时，切下小芽转入 TR 培养基中诱导生根。

7.3.2.4　未转化植株的组织培养

将按上述方法制备的外植体浸于灭菌 MS_0 液体培养基中，浸泡 5 min，用灭菌滤纸吸干外植体表面液体。其中一部分置于上述 TC、TB、TM、TR 培养基中；另一部分置于无 Kan 和 Carb 的上述 TC、TB、TM、TR 培养基中，培养方法和条件与转化的外植体相同。

7.3.2.5　转基因植株的抗性筛选和扩繁

转化的烟草外植体在含 200 mg/L Kan 的分化、继代、生根培养基上经诱导愈伤、诱导芽和芽伸长、生根等组培阶段，通过腋芽切段培养方式进行扩繁。打开生长和生根良好的无菌苗瓶口封膜炼苗数天，洗净培养基及琼脂，移栽到泥土和蛭石各半的花盆中，用透光塑料薄膜罩住以防止水分过度蒸发，并将花盆放置散射光处，待成活后再移入大花盆中。

7.3.2.6　抗性植株中目的基因和选择性报告基因的 PCR 检测

1）DNA 提取液的配制 [2]

Tris（1 mol/L，pH8.0）	5 mL
EDTA（0.5 mol/L，pH8.0）	5 mL
NaCl（4 mol/L）	6.25 mL
SDS（20%）	4.3 mL
β-巯基乙醇（2.1%，现用现加）	1.15 mL

加水至 50 mL，室温保存（上述成分均以母液形式配制保存，现用现配）。

2）烟草总 DNA 的提取

参照小麦叶片 DNA（PCR 专用）的 SDS 小量提取方法 [3]，稍有改进。

（1）剪取幼嫩的烟草叶片 0.1～0.5 g，液氮充分研磨成细粉。

（2）加 800 μL 新鲜配制的 DNA 提取液。

（3）轻柔颠倒数次，使其全部悬浮。

（4）置 65℃水浴温育 20 min，每 5 min 混匀 1 次。

（5）加入 250 μL 预冷的 5 mol/L 的乙酸钾，立即混匀，置于冰上 5 min。

（6）12 000 r/min 离心 5 min，移上清至另一干净离心管中，13 000 r/min 离心 5 min。

（7）将上清转入装有 600 μL 异丙醇的离心管中，快速混合 10 次以上。

（8）4℃，12 000 r/min 离心 5 min。

（9）用预冷的 70%、100% 乙醇分别洗涤沉淀 1 次。

（10）完全干燥后，溶于 20 μL 含 0.1 mg/mL RNase 的无菌水中。

3）目的基因的 PCR 检测

将提取的 Kan 抗性植株的总 DNA 经适当稀释后作为模板，以未转化的烟草植株总 DNA 为阴性对照，用引物 VP1-1、VP1-2 和 P1-1、P1-2 分别进行 VP1 和

P1 的 PCR 扩增，将退火温度升高到 60℃，其他扩增条件同 6.3.2.2 节。

4）选择性报告基因的 PCR 检测

引物合成：npt Ⅱ -1: GAT GGA TTG CAC GCA GGT TC

npt Ⅱ -2: AAA TCT CGT GAT GGC AGG TTG G

随机从上述 pBinFMDV-VP1 和 pBinFMDV-P1 转化抗性植株中各取 5 株转化抗性植株总 DNA，未转化的烟草植株总 DNA 为阴性对照，用引物 npt Ⅱ -1 和 npt Ⅱ -2 进行选择性报告基因的 PCR 检测。

7.3.2.7　目的基因和选择性报告基因的转录水平检测

1）目的基因的转录水平检测

按试剂盒法提取上述 VP1 基因 PCR 检测阳性 pBinFMDV-VP1 植株和 14 株 pBinFMDV-P1 转化抗性植株的总 RNA，以未转化的烟草植株总 RNA 为阴性对照，用引物 VP1-2 和 P1-2 分别进行 RT-PCR。以上述 cDNA 为模板，用引物 VP1-1、VP1-2 和 P1-1、P1-2 分别进行 PCR 检测。

2）选择性报告基因的转录水平检测

随机从上述 pBinFMDV-VP1 检测阳性植株和 pBinFMDV-P1 转化抗性植株中各取 5 株植株总 RNA，未转化的烟草植株总 RNA 为阴性对照，用引物 npt Ⅱ -2 进行 RT-PCR。反转录反应成分和条件参考试剂盒说明书。以 cDNA 为模板，用引物 npt Ⅱ -1 和 npt Ⅱ -2 进行 PCR 检测。

7.3.2.8　目的基因 DNA 点杂交和 PCR-Southern 印迹 [2,4,5]

1）主要试剂

（1）变性液：0.6~1 mol/L NaCl, 0.4 mol/L NaOH。

（2）中和液：1 mol/L NaCl, 0.5 mol/L Tris（pH7.2）。

（3）马来酸缓冲液：0.1 mol/L 马来酸 , 0.15 mol/L NaCl（pH7.5）。

（4）封闭缓冲液：将 10× 封闭缓冲液用马来酸缓冲液稀释 10 倍。

（5）预杂交液：50%（*V*/*V*）甲酰胺 , 5 × Denhardt（0.1% 聚蔗糖、0.1%PVP、0.1%BSA）, 5 × SSPE, 0.1%SDS, 300～500 μL 鲑精 DNA（50～100 mg/mL）。

（6）标准杂交缓冲液：5 × SSC, 0.1%（*m*/*V*）月桂酰肌氨酸（*N*-lauroylsarcosine）, 0.02%（*m*/*V*）SDS，1/100（*V*/*V*）封闭缓冲液。

（7）转移缓冲液：0.25 mol/L NaOH，1.5 mol/L NaCl。

（8）洗膜缓冲液：

Ⅰ：2 × SSC，0.1%（*m*/*V*）SDS；

Ⅱ：1 × SSC，0.1%（*m*/*V*）SDS；

Ⅲ：0.5 × SSC，0.1%（*m*/*V*）SDS；

Ⅳ：0.1 × SSC，0.1%（*m*/*V*）SDS。

2）模板 DNA 的制备

以质粒 pBinFMDV-VP1 为模板，用引物 VP1-1、VP1-2，按 7.3.2.6 节中 3）方法进行 PCR 扩增。扩增产物按 6.3.2.3 节中方法纯化和回收目的基因片段，用作杂交探针模板。

3）DIG 探针的制备

（1）在反应管中加入 1 μg 纯化回收的模板 DNA，加入灭菌 ddH_2O 至 16 μL。

（2）混匀后置于沸水中加热变性 10 min，迅速置冰乙醇中冷却。

（3）加入 4 μL DIG High Prime，混匀，稍离心。

（4）37℃保温 1～20 h 后，加入 2 μL EDTA（0.2 mol/L ）或 65℃水浴 10 min，终止反应。

4）目的基因 DNA 点杂交

（1）根据 7.3.2.6 节和 7.3.2.7 节中检测的阳性烟草植株，随机取 7.3.2.6 节中 2）提取的阳性烟草总 DNA，以未转基因的烟草总 DNA 为阴性对照，各样品 DNA 约 5 μg 点于尼龙膜上。

（2）尼龙膜晾干后，将膜漂浮于变性液中变性 10 min。

（3）将膜置于中和液中，中和 10 min。

（4）在杂交管中加入适量预热的预杂交液，小心将膜放入，排除气泡。

（5）65℃预杂交 3～5 h。

（6）倒出预杂交液，加入适量杂交液及标记好的探针，65℃杂交 24 h。杂交液可回收使用。

（7）依次用洗膜液Ⅰ、Ⅱ、Ⅲ、Ⅳ洗膜，每次洗膜 10～15 min。

（8）将膜置于滤纸上，干燥 20 min，用保鲜膜包好，置 254 nm 紫外光下照射 4 min。

（9）暗室中压片，–70℃，曝光 2～7 天（曝光时间依信号强弱而调节）。

5）目的基因 PCR-Southern 印迹

（1）取 7.3.2.8 节中 3）检测阳性的烟草植株总 DNA，按 7.3.2.6 节中 3）的方法 PCR 扩增。PCR 扩增产物进行 0.8% 琼脂糖凝胶电泳，70 V 电压，约 2 h。

（2）修整凝胶块后置于 0.25 mol/L HCl 中浸泡 10 min，用去离子水漂洗凝胶。

（3）将凝胶放入 0.4 mol/L NaOH 中变性 30～45 min。

（4）事先各裁好一张比凝胶块稍大的尼龙膜和滤纸，放入 0.4 mol/L NaOH 溶液中浸泡 10 min，然后将滤纸平铺于真空转膜仪多孔纤维板的正中央，用玻璃棒赶走气泡，再将尼龙膜放于滤纸上，赶走气泡。

（5）将带有窗口的塑料膜置于尼龙膜上，窗口正对于尼龙膜，再将凝胶置于窗口，用玻璃棒赶走气泡。

（6）压紧真空转移膜的封套，开动真空泵，压力表调至 16 kPa。注意将凝胶的 4 个边缘部位与窗口塑料膜贴紧。

（7）将转移缓冲液到入转膜仪，随时补加，转移约 30 min。

（8）转移结束后，取出尼龙膜，用 2 × SSC 溶液漂洗尼龙膜后放入中和液中和 30 min。置 254 nm 紫外光下照射 3 min。

（9）取出尼龙膜置于滤纸上晾干，将干燥的膜用保鲜膜封好，室温保存备用。

（10）在杂交管中加入适量预热的预杂交液，小心将尼龙膜放入，排除气泡。65℃将尼龙膜保温 30 min 以上。

（11）将标记好的探针（5～25 ng/mL 杂交液）在沸水中变性 5 min，冰水中迅速冷却。

（12）在 3 mL 预热杂交液中加入 2 μL 变性探针，充分混匀但不要摇出气泡。

（13）倾去杂交管中的预杂交液，换上探针 / 杂交液混合物，于杂交炉中 65℃杂交 4～24 h。杂交液可回收使用。

（14）杂交后洗膜方法同 7.3.2.8 节 4）。

（15）按检测试剂盒进行免疫检测。

7.3.2.9 目的基因的表达

1）ELISA 检测

选用上述检测阳性植株，取 0.1 g 新鲜烟草叶组织，在 400 μL 样品抽提缓冲液（50 mmol/L Tris-Cl；0.029% NaN_3）中研磨。10 000 r/min 离心 5 min，将中国农业科学院兰州兽医研究所口蹄疫 ELISA 诊断试剂盒的液相阻断法改为双抗夹心法，按说明书进行检测。

2）Western Blot 检测[6]

取 ELISA 检测阳性的烟草叶片 1 g，于液氮中充分研磨成细粉，迅速放入一离心管中，加入 4 mL 提取液（SDS-PAGE 样品缓冲液，不含溴酚蓝）。将离心管放在冰上静置 2～3 h。4℃，11 000 r/min 离心 20 min，取上清，重复离心一次。收集和分装上清液，–20℃保存。用 12% 分离胶进行 SDS-PAGE 电泳，同时跑两块凝胶，一块进行考马斯亮蓝 R250 染色，另一块在 4℃、20 V 进行免疫印迹转膜过夜或冰浴 100 V 恒压转移 2 h。次日将 PVDF 膜放入 TBST 缓冲液（20 mmol/L Tris，pH7.5；15 mmol/L NaCl；0.05% Tween-20）中，37 ℃轻轻振摇漂洗 3 次，每次 10 min。转入膜封闭缓冲液（TBS+2% BSA）中，4℃缓摇孵育过夜。次日倾去封闭缓冲液，用 TBST 漂洗膜 3～4 次，每次 10 min。用抗体封闭缓冲液（TBS+1%BSA）稀释口蹄疫病毒豚鼠抗血清，将膜浸入其中，37℃缓摇孵育 2 h。次日以 TBST 按上述方法漂洗膜。用抗体封闭缓冲液（TBS+1%BSA）稀释碱性磷酸酶（AKP）标记的兔抗豚鼠 IgG，37℃缓摇孵育 2 h。用 TBST 按上述方法漂洗膜后，再用 TBS 缓冲液洗膜 2 次，每次 10 min。倾去漂洗液，在闭光条件下加入新鲜配制的显色液 NBT/BCIP，至条带清晰后，用 ddH_2O 漂洗膜，终止显色反应，观察结果并拍照。

7.4 结　　果

7.4.1 转化植株的抗性筛选和抗性植株的获得

转化的烟草叶盘经诱导愈伤、诱导芽、芽伸长和生根等生长阶段后，通过 200 mg/L Kan 抗性筛选，分别获得了愈伤和抗性绿芽，而未转化的外植体在 200 mg/L Kan 的培养基上黄化、枯死（图 7.1）。将转化的抗性小芽（图 7.2）转入继代培养基中继续筛选，最终在生根培养基上获得生根良好的完整转化植株（图 7.3），经扩繁后获得批量具有 Kan 抗性的转化烟草植株（图 7.4），移栽入花盆（图 7.5）、植株开花（图 7.6）。共获得 49 株 pBinFMDV-VP1 和 14 株 pBinFMDV-P1 转化的抗性植株。

图 7.1　在含 Kan 和 Carb 的培养基上培养的转化烟草叶片和未转化烟草叶片

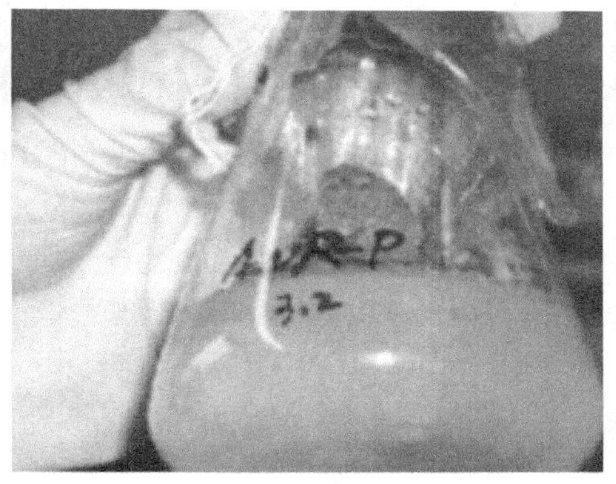

图 7.2　在含 Kan 和 Carb 的培养基上转化烟草叶片愈伤组织诱导的小苗

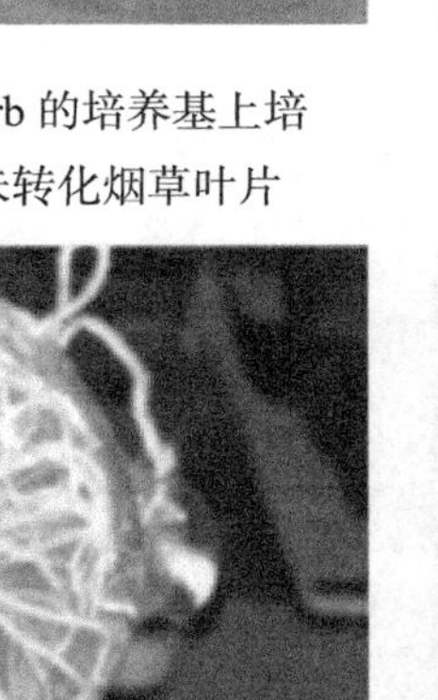

图 7.3　在含 Kan 和 Carb 的培养基上转化烟草小苗发达的根系

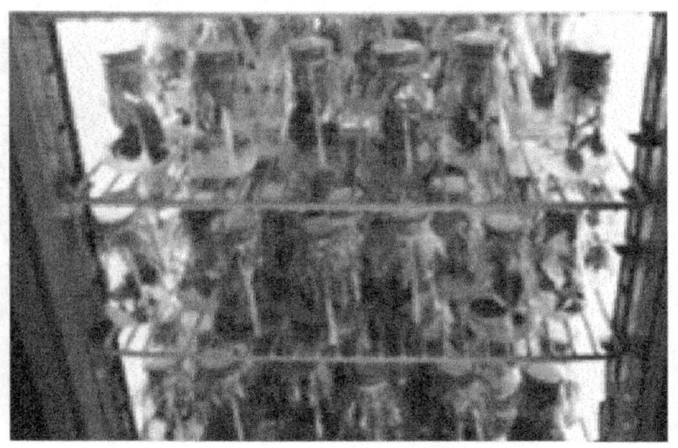

图 7.4　获得批量 Kan 抗性转 VP1 基因烟草植株

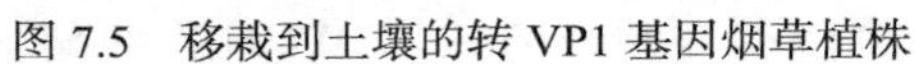

图 7.5　移栽到土壤的转 VP1 基因烟草植株

图 7.6　转 VP1 基因烟草植株盛开的浅粉红色花朵

图 7.1 至图 7.6 的彩图扫描右侧二维码。

7.4.2　目的基因和选择性报告基因的PCR检测

以 SDS 法提取 49 株 pBinFMDV-VP1 和 14 株 pBinFMDV-P1 抗性植株总 DNA。以总 DNA 为模板，分别用 VP1 和 P1 的两对引物进行 PCR 扩增。1% 琼脂糖凝胶电泳，40 株 pBinFMDV-VP1 烟草在 660 bp 处出现条带（图 7.7），而 14 株 pBinFMDV-P1 烟草未出现条带，阴性对照植株未扩增出任何条带。在上述 40 株 pBinFMDV-VP1 和 14 株 pBinFMDV-P1 烟草中各随机选择 5 株植株的总 DNA，进行 nptⅡ基因的 PCR 扩增，10 株样品在 844 bp 处均出现预期条带

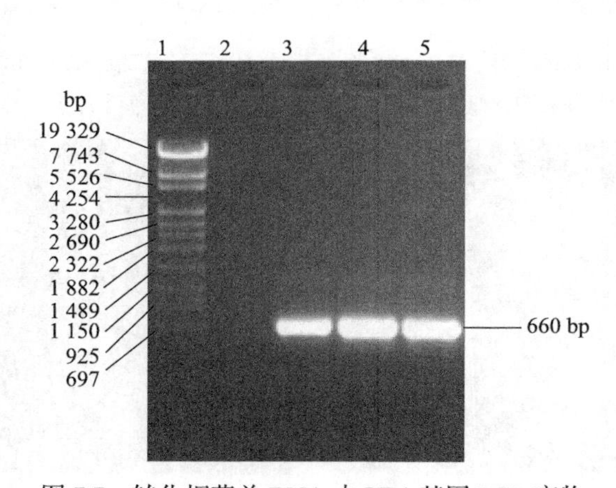

图 7.7　转化烟草总 DNA 中 VP1 基因 PCR 产物

1.DNA 分子质量标准；2. 未转化烟草总 DNA 中 VP1 基因的 PCR 产物；3～5. 转化烟草总 DNA 中 VP1 基因的 PCR 产物

（图 7.8）。以烟草总 DNA 为模板，检测到了 VP1、npt Ⅱ基因，其分子质量大小与预期一致，而 14 株 pBinFMDV-P1 转化抗性植株均未扩增到 P1 基因，抗性植株及其相应基因的 PCR 检测阳性率见表 7.1。

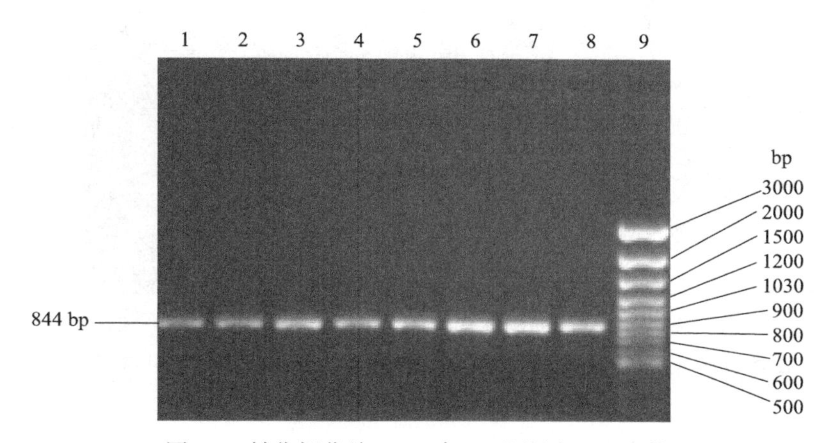

图 7.8　转化烟草总 DNA 中 npt Ⅱ基因 PCR 产物

1～8. 转化烟草总 DNA 中 npt Ⅱ基因的 PCR 产物；　9. DNA 分子质量标准

表 7.1　目的基因和报告基因的 PCR 检测阳性率

检测基因	抗性植株	阳性植株	阳性率 /%
VP1	49	40	81.6
P1	14	0	0
npt Ⅱ	10	10	100

7.4.3　目的基因和选择性报告基因的转录水平检测

对上述 40 株 VP1 基因 PCR 检测阳性的 pBinFMDV-VP1 植株、14 株 P1 基因 PCR 检测阴性的 pBinFMDV-P1 植株，按 QIAGEN 公司的 RNA 提取试剂盒和方法，用提取的总 RNA 为模板，进行 VP1 和 P1 基因的 RT-PCR 检测，经 1% 琼脂糖凝胶电泳发现，40 株 pBinFMDV-VP1 植株中有 21 株在 660 bp 处出现条带（图 7.9）。同时从上述 pBinFMDV-VP1 阳性植株和 pBinFMDV-P1 阴性植株中各随机选取 5 株植株总 RNA，进行 npt Ⅱ基因的 RT-PCR 扩增，10 株植株在 844 bp 处均出现条带（图 7.10），说明以烟草总 RNA 为模板，在转录水平上检测到了 VP1、npt Ⅱ基因，而 P1 基因检测阴性（表 7.2）。

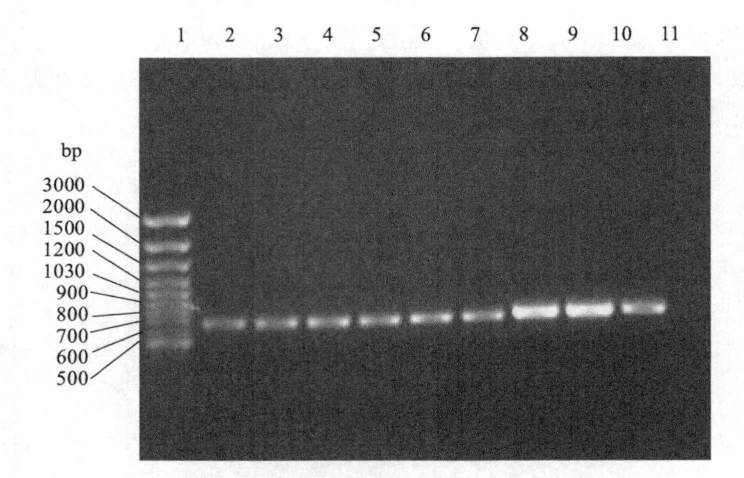

图 7.9　转化烟草总 RNA 中 VP1 基因 RT-PCR 产物

1. DNA 分子质量标准； 2～10. 转化烟草总 RNA 中 VP1 基因的 RT-PCR 产物；
11. 未转化烟草总 RNA 中 VP1 基因的 RT-PCR 产物

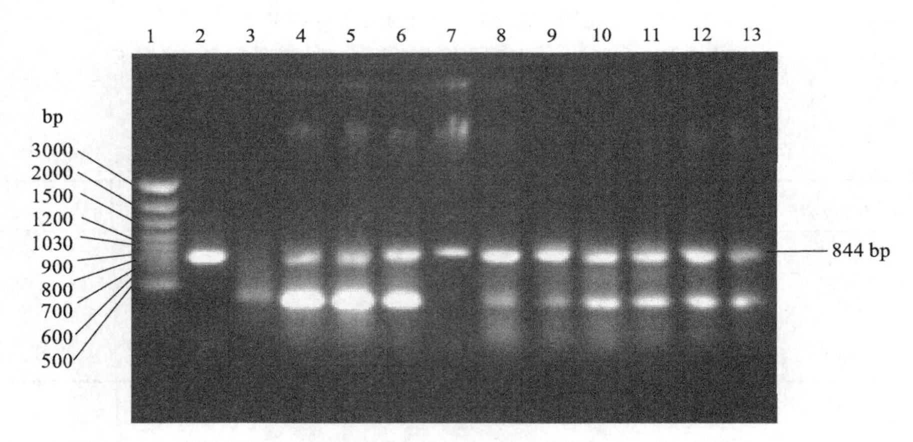

图 7.10　转化烟草总 RNA 中 npt Ⅱ基因 RT-PCR 产物

1. DNA 分子质量标准； 2. 质粒 pBin438 的 npt Ⅱ基因 PCR 产物； 3. 未转化烟草总 RNA 中 npt Ⅱ基因的 RT-PCR 产物； 4～13. 转化烟草总 RNA 中 npt Ⅱ基因的 RT-PCR 产物

表 7.2　目的基因和报告基因的 RT-PCR 检测阳性率

检测基因	抗性植株	阳性植株	阳性率 /%
VP1	40	21	52.5
P1	14	0	0
npt Ⅱ	10	10	100

7.4.4 目的基因的DNA点杂交和PCR-Southern印迹

7.4.4.1 目的基因的 DNA 点杂交

以目的基因的 DNA 片段作为标记探针，对 PCR 和 RT-PCR 检测的阳性植株进行目的基因 DNA 点杂交。结果表明，转基因烟草总 DNA 有杂交信号，而未转化的烟草总 DNA 无杂交信号（图 7.11），表明 VP1 基因已整合到烟草基因组 DNA 中。

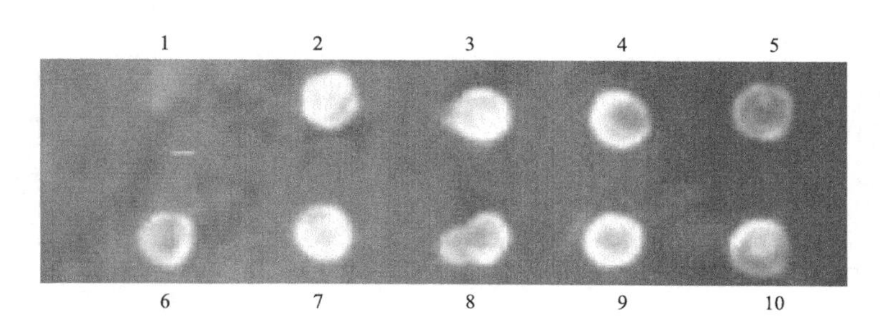

图 7.11 DNA 点杂交

1. 未转化烟草； 2. 质粒 pBinFMDV-VP1； 3～10. 转基因烟草

7.4.4.2 目的基因的 PCR-Southern 印迹

以目的基因的 DNA 片段作为标记探针，对 PCR 和 RT-PCR 检测的阳性植株进行目的基因 DNA 的 PCR-Southern 杂交。结果表明，转基因烟草总 DNA 在约 660 bp 处出现杂交条带，而未转化的烟草总 DNA 未出现杂交条带（图 7.12），进一步说明 VP1 基因已整合到烟草基因组 DNA 中。

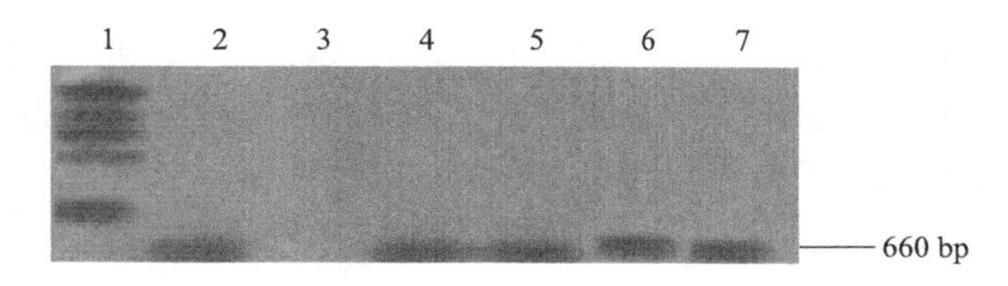

图 7.12 PCR-Southern 印记

1. DNA 分子质量标准； 2. VP1 基因 PCR 产物： 3. 未转化烟草； 4～7. 转基因烟草

7.4.5 目的基因的表达

7.4.5.1 ELISA 检测

采用双抗夹心 ELISA 法检测上述 21 株 pBinFMDV-VP1 阳性植株，仅检测到 7 株阳性植株。同一植株 3 次不同时间采样，检测结果重复性不好（数据略）。

7.4.5.2　Western Blot 检测

对 ELISA 检测阳性的 7 株植株叶片提取总可溶性蛋白，进行 SDS-PAGE 电泳和转膜杂交后，7 株样品均在大约 23.5 kDa 处出现杂交带，分子质量大小与预期的一致，而未转化对照植株无此杂交带（图 7.13），说明 VP1 基因在烟草中获得表达，并且具有相应的免疫原性。

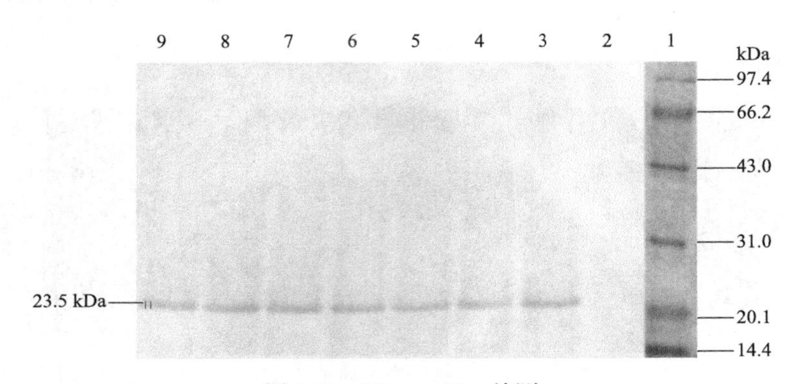

图 7.13　Western Blot 检测

1. 蛋白质分子质量标准；2. 未转化烟草；3～9. 转基因烟草

7.5　讨　　论

口蹄疫（foot-and-mouth disease, FMD）是口蹄疫病毒（foot-and-mouth disease virus, FMDV）引起的一种急性、高度接触性传染病，对牛、羊、猪等 70 多种家畜和野生动物危害较大，被国际兽疫局列为 A 类传染病之首[7]。目前，除美国、加拿大、澳大利亚、新西兰等少数国家外，世界大部分国家和地区都不同程度地存在着该病的流行[8]。目前，大多数发展中国家防制家畜口蹄疫的首要方法仍然是免疫接种灭活疫苗。但由于口蹄疫病毒的血清型和变异株多，灭活苗的保护率不理想。同时，灭活苗生产过程中存在着散毒、病毒灭活不完全等潜在危害[9]。因此，研究高效、安全的新型疫苗势在必行。

数种新型 FMD 疫苗中，植物反应器生产的可饲化疫苗不仅克服了灭活疫苗存在的弊端，而且具有生产成本低、贮存和运输不需要特殊的冷链系统、使用方便等优点，成为目前新型疫苗研究的热点。近几年国内外利用转基因植物进行了 FMDV 抗原蛋白表达方面的研究，如阿根廷的 Carrillo 等研究小组 1998～2002 年将 FMDV 的 VP1 基因或 VP1 抗原表位基因分别转入拟南芥[10]、马铃薯[11]和苜蓿[12]，均得到了表达。李昌等[13]采用基因枪法将 FMDV P1 基因转化马铃薯茎块，通过对目的基因 DNA 水平检测，证明获得了转基因植株，但未查到有关该基因表达等方面的报道。本试验将我国最早用于研制FMD疫苗的阿克苏（Akesu/O/58）FMDV VP1和P1基因，通过根癌农杆菌LBA 4404介导转化烟草，对转化抗性植株进行VP1、P1基因的整合、转录、表达等方面进行检测，以期获得稳态表达的转基因烟草植株，也为探索FMD转基因植物可饲化免疫原（疫苗）的研究提供实验材料。

转化的烟草叶盘外植体在含200 mg/L Kan的分化、继代和生根培养基上经诱导愈伤、诱导芽、芽伸长和生根等生长阶段后，分别获得了抗性愈伤和抗性绿芽，最终在生根培养基上获得了49株pBinFMDV-VP1和14株pBinFMDV-P1具有Kan抗性的转化烟草植株。对pBinFMDV-VP1抗性植株VP1基因的PCR检测和RT-PCR检测阳性率分别为81.6%和52.5%，表明转化率很高，而且有转录活性。pBinFMDV-P1抗性植株在多次调整PCR扩增条件后仍未检测到阳性植株，即P1基因未转化到烟草中。植物基因组常常由具有相似G+C含量的DNA片段相互嵌合在一起，外源基因的插入打乱了它们正常的组合，进行转化基因密码子的优化与转化载体的合理修饰是必要的，但其原因仍需进一步探究。

所检测的抗性植株的选择性报告基因npt Ⅱ检测均为阳性。npt Ⅱ是目前植物基因工程中被广泛使用的选择性报告基因，该基因来源于大肠杆菌K12转座子Tn5上的aphA2，编码氨基糖苷-3-磷酸转移酶（aminoglycoside-3-phosphotransferase Ⅱ），又称为新霉素磷酸转移酶（neomycin phosphotransferase, npt Ⅱ）。npt Ⅱ催化ATP分子上的γ-磷酸基转移到抗生素分子上，影响抗生素与核糖体30S亚基结合，从而使氨基糖苷类抗生素（如新霉素、Kan、庆大霉素、巴龙霉素和G418）磷酸化而失活。使用该基因转化植物，可以赋予转化细胞抗Kan等氨基糖苷类抗生素的能力[14,15]。npt Ⅱ基因在多数植物中都有很强的表达能力，在阳性植株的筛选中起着重要作用，通过在培养基中加适量的氨基糖苷类抗生素，可以抑制未转化的愈伤分化和植株生长，从而减少大量组织培养和后期检测工作。当然，不同的植物对不同抗生素及其浓度的敏感性不同。本试验中Kan浓度达200 mg/L，而较多转化烟草的报道中其浓度为100 mg/L，并且在生根培养基中降低甚至不加Kan[1]。烟草与其他植物相比对Kan的敏感性低，其愈伤组织有较强的分化能力，适当加大浓度可以减少假阳性植株。本试验在生根培养基中Kan的浓度仍然为200 mg/L，对生根无明显影响。

农杆菌介导转化法决定了目的基因插入细胞染色体是随机的，各转化子中目的基因表达水平也各异，筛选出高表达量转基因植株是关键环节。尽管农杆菌介导转化法有很多优点，但转化植株表达量低，检测及定量困难是目前诸多该类研究共同存在的问题，也是本试验的不足之处。转基因植株需经过抗生素抗性筛选、目的基因的基因水平检测（PCR，Southern Blot）、转录水平检测（RT-PCR，Northern Blot）和翻译水平检测（ELISA，Western Blot）等多项检测后，才能确定阳性植株。检测需花费很长时间，方法也因植物品种、目的基因功能及目的蛋白性质不同而各异，植物外源蛋白的检测灵敏度差异也很大。目前常用的检测手段不够灵敏，或并非是转基因植物外源蛋白的最佳检测方法，所以建立相关的检测手段和标准也是有待解决的问题。Dus Santos 等 [12] 针对目的基因表达量低、难以检测等问题，将 FMDV 抗原表位（VP1 第 135～160 位氨基酸残基）与葡萄糖醛酸苷酶（glucuronidase，GusA）基因融合表达，通过 Gus 基因表达的酶活性来筛选目的基因高表达植株。报告基因 Gus 在植物中易表达，检测方法简单快捷，很多植物中不存在该基因背景，可以减少繁琐而复杂的检测工作。但也有学者认为融合表达的蛋白质可能使抗原表位被遮蔽而影响免疫原性，这比低表达量更致命。

研究表明，FMDV 结构蛋白 VP1 功能区内含有病毒的主要抗原位点，能诱导动物产生中和抗体 [16]。O 型口蹄疫病毒的 5 个抗原表位中，有 3 个位于 VP1 上，其中包含有 FMDV 的宿主细胞受体结合位点 RGD，在病毒的侵入和免疫保护中发挥着重要作用 [17]。因此，本试验选用阿克苏（Akesu/O/58）FMDV 结构基因 VP1 作为靶基因进行遗传转化。

烟草是一种模式植物，具有生长周期相对较短、转化体系成熟、转化率高、易于培养、短期内能获得较多量的实验材料等优点，是很多转基因植物研究常选的受体植物。Wigdorovitz[18] 曾以烟草花叶病毒为载体进行了 FMDV VP1 基因的瞬时表达。虽然该方法可在数天内获得有活性的目的蛋白，且表达量高，但不能获得稳态表达的完整植株及其子代。Janssen 和 Gardner[19] 用叶盘法转化矮牵牛时发现瞬时表达比稳态表达产物至少高 1000 倍，但严格来讲，瞬时表达不属于转基因范畴。

本研究选用烟草作为受体，采用根癌农杆菌介导法初次将阿克苏（Akesu/O/58）FMDV 结构基因 VP1 转入 NC89 烟草，通过基因水平和蛋白水平检测，证明该病毒结构基因 VP1 已转入烟草基因组 DNA 中，而且所表达的 VP1 蛋白具有一定的生物活性和免疫原性。

7.6　结　　论

本研究采用根癌农杆菌介导法分别将双元表达载体 pBinFMDV-VP1 和 pBinFMDV-P1 转化 NC 89 烟草叶盘，转化外植体诱导的愈伤、芽和生根等阶段在含 Kan 的相应培养基上进行筛选，经过 DNA 和 RNA 检测证实成功获得了 pBinFMDV-VP1 和 pBinFMDV-P1 阳性抗性植株。随机选取阳性植株进行 VP1 基因的 DNA 点杂交和 PCR-Southern Blot 检测，出现了特异性杂交信号和条带，与预期结果一致。本研究通过根癌农杆菌介导法初次将阿克苏（Akesu/O/58）FMDV VP1 基因转入 NC 89 烟草，并且获得了稳态表达的阳性转基因植株。

参 考 文 献

[1] Zhang JY, Ye L, Li L, et al. Obtainment of transgenic tobacco harboring phbA, phbB and phbC genes by twice transformation [J]. Acta Botanica Sinica, 2001, 43（1）: 59-62.

[2] 王关林，方宏筠 . 植物基因工程 [M]. 第 2 版 . 北京：科学出版社 .2002:329-330,742-744, 850-854.

[3] Stacey J, lsaac P. lsolation of DNA from plants methods in molecular biology: protocols for nucleic acid analysis by nonradioactive probes [C] Totowa, NJ, USA: Human Press lnc,1994: 9-15.

[4] 张震霞 . 外源基因在禾本科和豆科牧草中转化再生体系的建立 [D]. 兰州：甘肃农业大学博士学位论文，2002.

[5] 李丽 . 转基因植物生产生物可降解塑料 PHB 的研究——*napinB* 启动自得分离和功能鉴定及转基因油菜获得 [D]. 北京：首都师范大学硕士学位论文，2001.

[6] 奥斯伯 F, 布伦特 R, 金斯顿 RE，等 . 精编分子生物学实验指南 [M]. 北京 : 科学出版社 : 333-341.

[7] Marvin JG, Barry B. Foot-and-mouth disease [J]. Clin Microbiol Rev, 2004, 17（2）: 465-493.

[8] Alan RS, Nick JK. Foot-and-mouth disease virus: Cause of the recent crisis for the UK livestock industry [J]. Trends in Genetics, 2001, 17（8）: 421-424.

[9] Mason PW, Grubman MJ. Controlling foot-and-mouth disease with vaccine? [J]. Australian Veterinary, 2001, 79（5）: 342-343.

[10] Carrillo C, Wigdorovitz A, Oliveros JC, et al. Protective immune response to foot-and-mouth disease virus with VP1 expressed in transgenic plants [J]. Virol, 1998, 72（2）: 1688-1690.

[11] Carrillo C, Wigdorovitz A, Trono K, et al. Induction of a virus –specific antibody response to foot-and-mouth disease virus using the structural protein VP1 expressed in transgenic potato plants [J]. Virol Immunol, 2001, 14: 49-57.

[12] Dus Santos MJ, Wigdorovitz A, Trono K, et al. A novel methodology to develop a foot-and-mouth disease virus（FMDV）peptide-base vaccine in transgenic plants [J]. Vaccine, 2002, 20: 1141-1147.

[13] 李昌 , 金宁一 , 王罡 , 等 . 基因枪法转化马铃薯及转基因植株的获得 [J]. 作物杂志 , 2003, 1: 12-14.

[14] Bevan MV, Flawell RB, Chilton MD, et al. A chimeric antibiotic resistance gene as a selectable marker for plant cell transformation [J]. Nature, 1983, 294: 184-187.

[15] 闫新甫 . 转基因植物 [M]. 北京 : 科学出版社 ,2003:127.

[16] Strohmaier K, Franze R, Adman KH. Location and characterization of the antigenic portion of the FMDV immunization protein [J]. Gen Virol, 1982, 59: 295-360.

[17] Xie QG, McCahan D, Crowther JR, et al. Neutralization of foot-and-mouth disease virus can be

mediated through any of at least three separate antigenic site [J]. Gen Virol, 1987, 68: 163-167.

[18] Wigdorovitz A, Filgueira DMP, Robertson N, et al. Protective of mice against challenge with foot-and-mouth disease virus（FMDV）by immunization with foliar extracts from plants infected with recombinant tobacco mosaic virus expressing the FMDV structural protein VP1 [J]. Virol, 1999, 264: 85-91.

[19] Janssen BJ, Gardner RC. Localized transient expression of GUS in leaf discs following co-cultivation with *Agrobacterium* [J]. Plant Mol Biol, 1989,14:61-72.

8 阿克苏（Akesu/O/58）FMDV VP1基因在两种豆科牧草中的转化与转基因植株的获得

8.1 目　　的

采用根癌农杆菌介导法，将前期构建的植物双元表达载体 pBinFMDV-VP1 和 pBinFMDV-P1 转化到豆科牧草百脉根中，检测并筛选阳性转基因植株。

8.2 基本原理与技术路线

以豆科牧草百脉根子叶、子叶柄和白三叶草子叶柄为转化受体，通过根癌农杆菌介导法，将阿克苏（Akesu/O/58）FMDV 结构基因 VP1 转化百脉根和白三叶草，其愈伤、芽和生根等过程经 50 mg/L Kan 筛选后，获得批量 Kan 抗性百脉根和少量白三叶草抗性植株。对百脉根抗性植株进行 VP1 基因和选择性报告基因 nptⅡ 的 PCR、RT-PCR 检测后，随机选取阳性植株进行 VP1 基因的 DNA 点杂交、PCR-Southern Blot 和 VP1 蛋白的 Western Blot 检测，获得正确表达 VP1 的转基因植株。

8.3 材料与方法

8.3.1 材料

8.3.1.1 种子和试剂

百脉根种子‘Leo’（里奥）由中国农业科学院畜牧所李聪研究员惠赠，白三叶草种子‘Hai’（海发）和‘Rivende’（瑞文德）由北京中种草业有限公司提供。Str、Kan、Carb、Rif、6-BA 和乙酰丁香酮（AS）购自 Amresco 公司。PCR 扩增试剂盒、植物总 RNA 提取试剂盒和反转录酶试剂盒分别购自大连宝生物、Qiagen 和 Promega 公司。标准分子质量 DNA Marker 和标准蛋白分子质量 Marker 分别购自 BBI 和 MBI 公司。聚偏氟乙烯（PVDF）膜、BCIP/NBT、尼龙膜、DIG 标记试剂盒和检测试剂盒Ⅱ购自华美、罗氏公司。其他化学试剂均为分析纯。

8.3.1.2　菌种和质粒

中间表达载体 pBinVP1 为第 6 章所构建，协助质粒 pRK2013、农杆菌 AGL1 和 LBA 4404 由中国农业科学院生物技术所刘德虎研究员惠赠。

8.3.2　方法

8.3.2.1　百脉根种子的消毒和再生培养

将百脉根种子‘Leo’用砂纸轻轻打磨，用流动水冲洗后，浸于 70% 乙醇 10 min，其间振荡数次，灭菌水漂洗 3 次后，再浸于 0.1% HgCl 中 15～30 min，其间振荡数次，灭菌水漂洗 6 次。用少量灭菌水浸种过夜，次日播种于固体 MS_0 培养基中培养。种子发芽后，用锋利的刀片切取 5～10 日龄的百脉根子叶、子叶柄，将其置于含 0.1mg/L 6-BA 的 MS_0 培养基上，pH5.8。在 25～26℃、3000 lx 光照强度、8h 黑暗 /16h 光照的光周期条件下进行培养 [1]。

8.3.2.2　白三叶草种子的消毒和再生培养

将白三叶草种子‘Hai’和‘Rivende’分别用流动水漂洗后，95% 乙醇处理 30s，灭菌水漂洗后，浸于 0.2% 酸化 HgCl（0.5%HCl）中 6 min，其间振荡数次，灭菌水漂洗 6 次。用少量灭菌水浸种过夜，次日播种于固体 MS_0 培养基中培养。种子发芽后，用锋利的刀片切取 3～5 日龄的白三叶草子叶、子叶柄，将其置于含 6BA 1 mg/L、NAA 0.1 mg/L 的 CR11 培养基 [2,3] 上，pH5.7。在 25～26℃、3000 lx 光照强度、8 h 黑暗 /16 h 光照的光周期条件下进行培养。

8.3.2.3　三亲融合和转化载体农杆菌的活化

将中间表达质粒 pBinVP1、辅助质粒 pRK2013 和农杆菌 LBA 440 三者融合；中间表达质粒 pBinVP1、辅助质粒 pRK2013 和农杆菌 AGL1 三者融合，鉴定和活化方法与第 6 章相关内容相同。

8.3.2.4　百脉根转化基本培养基

MS_0：MS 基本成分 + 蔗糖 30g/L，pH5.8。

TC（共培养培养基）：MS_0 + 6BA（0.1 mg/L），pH5.8。

TB（分化培养基）：MS_0 + 6BA（0.1 mg/L）+ Kan（50 mg/L）+ Carb（500 mg/L），pH5.8。

TM（继代培养基）：MS_0 + Kan（50 mg/L）+ Carb（500 mg/L），pH5.8。

TR（生根培养基）：MS_0 + Kan（50 mg/L），pH5.8。

8.3.2.5 白三叶草转化基本培养基

CR11：MS 盐 +B5 有机成分 + 蔗糖 30 g/L。

TC（共培养培养基）：CR11 + As（0.1 mg/L），pH5.8。

TB（分化培养基）：CR11 + 6 BA（1.0 mg/L）+ NAA（0.1 mg/L）+ Kan（50 mg/L）+ Carb（500 mg/L），pH5.8。

TM（继代培养基）：CR11+NAA（0.1 mg/L）+ Kan（50 mg/L）+ Carb（500 mg/L），pH5.8。

TR（生根培养基）：MS_0+Kan（50 mg/L），pH5.8。

8.3.2.6 百脉根‘Leo’的遗传转化

（1）用锋利的刀片切取 5～10 日龄的百脉根子叶、子叶柄。

（2）将子叶和子叶柄分别浸入活化稀释后的农杆菌 LBA4404 菌液中，轻轻振荡，侵染 10～20 min。

（3）取出侵染后的外植体，用灭菌滤纸吸去多余的菌液。

（4）将叶片背面朝上置于 TC 培养基上，暗中培养 2～3 天。

（5）将共培养的叶片移至 TB 培养基上，25～26℃、3000 lx 光照强度、8 h 黑暗 /16 h 光照的光周期条件下培养。每 2 周换一次培养基，继代 3～4 次。

（6）转换置 TM 培养基，每 2 周换一次培养基。

（7）待分化出的小芽长至 2～3 cm，将其切下转至 TR 培养基上。

8.3.2.7 白三叶草‘Hai’的遗传转化

（1）用锋利的刀片切取 3～5 日龄的白三叶草子叶柄。

（2）将子叶柄在 TC 共培养基上预培养 2～3 天。

（3）将预培养的子叶柄一部分浸入活化稀释的农杆菌 LBA4404，另一部分浸入 AGL1 菌液中，轻轻振荡，侵染 10～20 min。其他操作按 8.3.2.6 节步骤进行。

8.3.2.8 未转化植株的组织培养

将按上述方法制备的百脉根和白三叶草的外植体分别浸于灭菌 MS_0 液体培养基中，浸泡 10～20 min，用灭菌滤纸吸干外植体表面液体。两种植物外植体各取一部分置于上述相应的 TC、TB、TM、TR 培养基中；另一部分置于不含 Kan 和 Carb 的相应的 TC、TB、TM、TR 培养基中，培养方法和条件与转化的外植体相同。

8.3.2.9 转基因植株的筛选和抗性植株的移栽

转化的百脉根、白三叶草外植体在含 50 mg/L Kan 的分化、继代、生根培养基经诱导愈伤、分化、诱导芽和芽伸长、生根等组培阶段，获得抗 Kan 的抗性植株。通过节间切段培养方式进行扩繁。生长和生根良好的小苗炼苗一周左右，洗净培养基及琼脂，移栽到泥土和蛭石各半的花盆中，用透光塑料薄膜罩住以防止水分过分蒸发，并将花盆放置散射光处，待成活后再移入温室中。

8.3.2.10　目的基因和选择性报告基因的 PCR 检测

与 7.3.2.6 节中转基因烟草植株 VP1 和 npt Ⅱ 基因的 PCR 检测方法基本相同。

8.3.2.11　目的基因和选择性报告基因的转录水平检测

与 7.3.2.7 节中转基因烟草植株 VP1、npt Ⅱ 基因转录水平检测方法基本相同。

8.3.2.12　目的基因 DNA 点杂交和 PCR-Southern 印迹

与 7.3.2.8 节中转基因烟草植株 VP1 基因的 DNA 点杂交和 PCR-Southern 印迹方法基本相同。

8.3.2.13　目的蛋白的 Western Blot 检测

按 7.3.2.9 节中 2）的方法进行 SDS-PAGE 电泳和 Western Blot 检测。

8.4　结　　果

8.4.1　组织培养观察

两次百脉根和白三叶草组培实验数据统计见表 8.1，百脉根‘Leo’种子发芽率很高，其子叶和子叶柄的分化率和再生率达 60%～70% 以上，子叶的分化率比子叶柄高。白三叶草‘Hai’和‘Rivende’比较，品种‘Hai’的种子发芽率、分化率均比‘Rivende’高，两种白三叶草子叶柄的分化再生率明显高于子叶。在后期的转化中，百脉根选用‘Leo’的子叶和子叶柄，白三叶草选用品种‘Hai’的子叶柄作为转化的外植体。根据两种豆科牧草再生培养观察，也证明了百脉根的分化、再生率明显比白三叶草高。

表 8.1　百脉根和白三叶草的组织培养

品种	Leo		Hai		Rivende	
播种数	83		79		91	
发芽数	59		35		20	
发芽率 /%	71.1		44.3		22.2	
外植体接种数	子叶	子叶柄	子叶	子叶柄	子叶	子叶柄
	32	40	36	31	30	38
出愈数	32	40	11	14	5	9

续表

品种	Leo		Hai		Rivende	
出愈率 /%	100	100	30.5	40.5	16.7	23.7
分化数	23	25	4	12	0	1
分化率 /%	70.2	62.5	11.1	38.7	0	2.63

8.4.2 双元表达载体的鉴定

将中间表达质粒 pBinVP1 和辅助质粒 pRK2013 分别与农杆菌 LBA4404 和 AGL1 三者融合后，将在含 50 mg/L Kan、25 mg/L Str 和 50 mg/L Rif 的 YEB 培养基上生长的单菌落，经摇菌、提取质粒进行目的基因 VP1 的 PCR 扩增，两种农杆菌质粒均扩增到分子质量约 660 bp 的条带（图 8.1）。在含上述 3 种抗生素的培养基上生长，并且能检测到目的基因 VP1，说明 pBinVP1 已分别转移到农杆菌 LBA 440 和 AGL1 中。

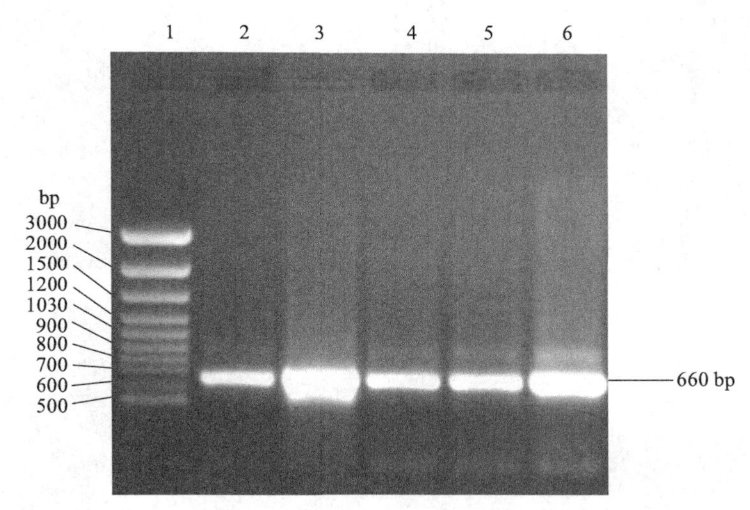

图 8.1　根癌农杆菌质粒 VP1 基因 PCR 产物

1. DNA 分子质量标准；2～6. 根癌农杆菌质粒 VP1 基因 PCR 产物

8.4.3 转化植株的筛选和抗性植株的获得

转化的百脉根外植体在含 50 mg/L Kan 的相应培养基上经诱导愈伤、诱导芽、芽伸长和生根等生长阶段，分别获得了抗性愈伤和抗性绿芽，在生根培养基上获得批量具有 Kan 抗性的转化植株（图 8.2），并且移栽到温室后生长良好，未转化的外植体在含 Kan 的相应培养基上黄化、枯死。未转化的外植体在不含 Kan

和 Carb 的相应培养基上均也诱导了愈伤、芽和生根等阶段，生长良好（图 8.3）。转化的白三叶草外植体经 50 mg/L Kan 筛选后，获得了少量抗性愈伤和抗性绿芽（图 8.4）。

图 8.2　转基因百脉根

A. 愈伤组织和再生芽；B. 转基因百脉根小苗；
C. 转基因百脉根根系；D. 转基因百脉根根系；
E、F. 移栽到温室中的转基因百脉根

扫码见彩图

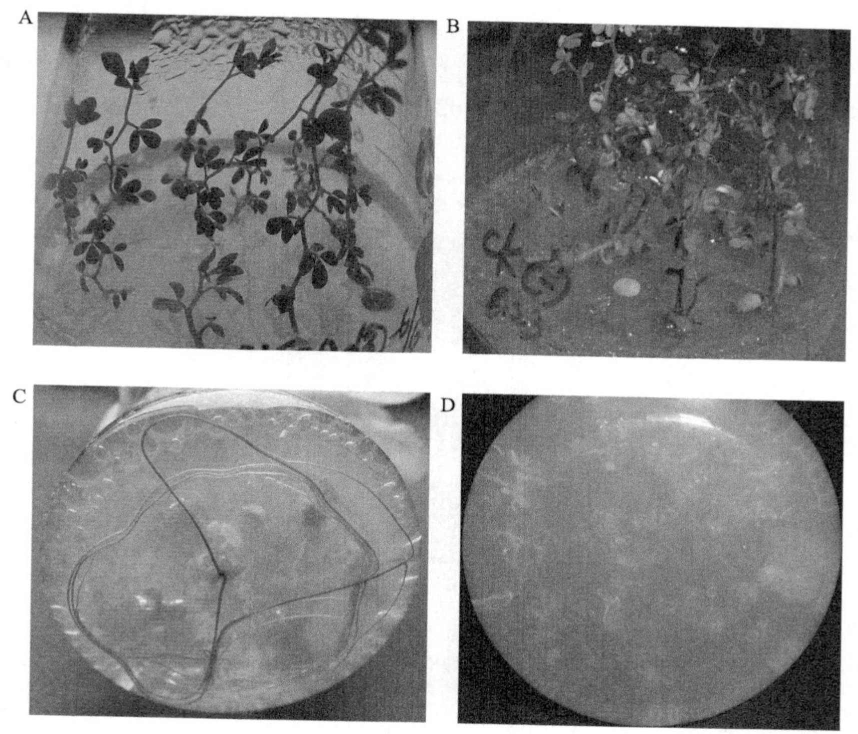

图 8.3 未转化的百脉根

A. 在无抗生素培养基上生长的未转化百脉根小苗； B. 在含 Kan 和 Carb 培养基上生长的未转化百脉根小苗； C. 在无抗生素培养基上生长的未转化百脉根小苗发达的根系； D. 在含 Kan 和 Carb 培养基上生长的未转化百脉根小苗无根系

扫码见彩图

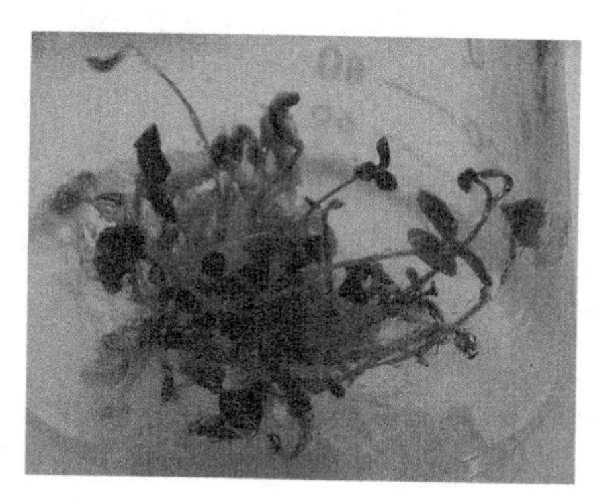

扫码见彩图

图 8.4 根癌农杆菌 AGL1 介导转化的白三叶草‘Hai’愈伤组织和再生芽

8.4.4 目的基因和选择性报告基因的PCR检测

随机选取 20 株转化的百脉根抗性植株，以提取的总 DNA 为模板，进行

VP1 基因的 PCR 扩增，16 株的 VP1 基因扩增呈阳性，取其中 6 株阳性植株的 PCR 产物进行 1% 凝胶电泳，在 660 bp 处出现条带（图 8.5）。随机取 4 株进行 npt Ⅱ基因的 PCR 检测，4 株均在 844 bp 处有条带（图 8.6），初步说明 VP1 基因和 npt Ⅱ基因转入百脉根。

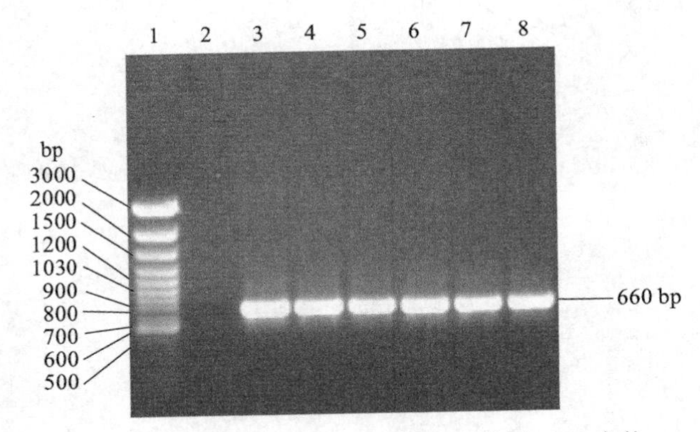

图 8.5　转化百脉根总 DNA 中 VP1 基因 PCR 产物

1. DNA 分子质量标准；2. 未转化百脉根总 DNA 中 VP1 基因 PCR 产物；
3～8. 转化百脉根总 DNA 中 VP1 基因 PCR 产物

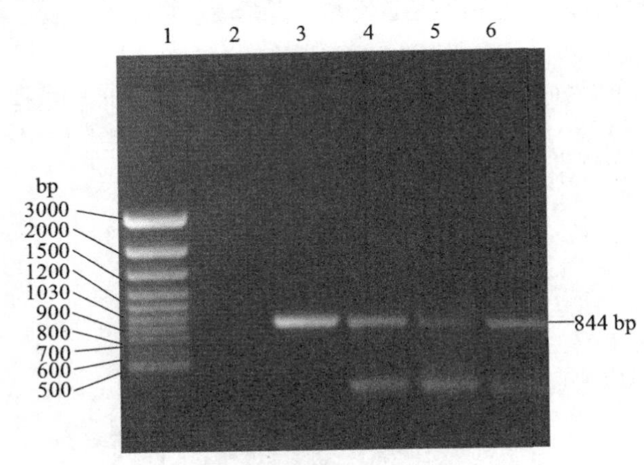

图 8.6　转化百脉根总 DNA 中 npt Ⅱ基因 PCR 产物

1. DNA 分子质量标准；2. 未转化百脉根总 DNA 中 npt Ⅱ基因 PCR 产物；
3～6. 转化百脉根总 DNA 中 npt Ⅱ基因 PCR 产物

8.4.5　目的基因和选择性报告基因的转录水平检测

从上述阳性植株中随机选 12 株，以提取的总 RNA 为模板进行 RT-PCR，有 7 株阳性植株，在 660 bp 处出现条带（图 8.7）。随机取 5 株进行 npt Ⅱ基因的 RT-PCR

和 PCR 检测，5 株均在 844 bp 处有条带（图 8.8），表明 VP1 基因和 npt Ⅱ基因在转化百脉根植株中具有转录活性，可肯定卡那霉素对转基因植株早期筛选的作用。

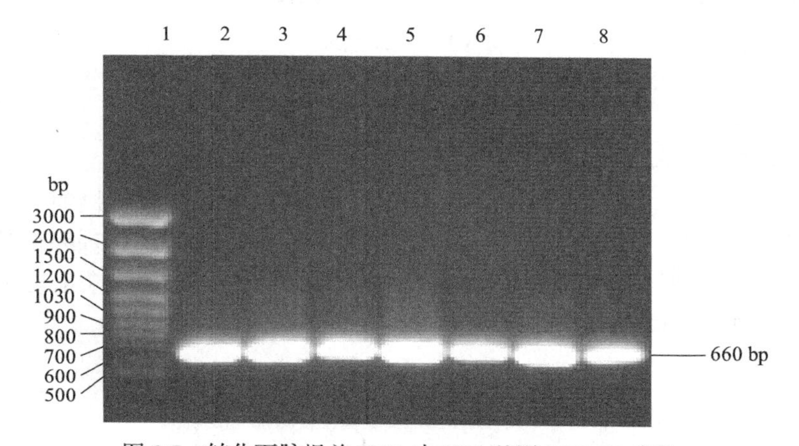

图 8.7　转化百脉根总 RNA 中 VP1 基因 RT-PCR 产物

1. DNA 分子质量标准；2～8. 转化百脉根总 RNA 中 VP1 基因的 PCR 产物

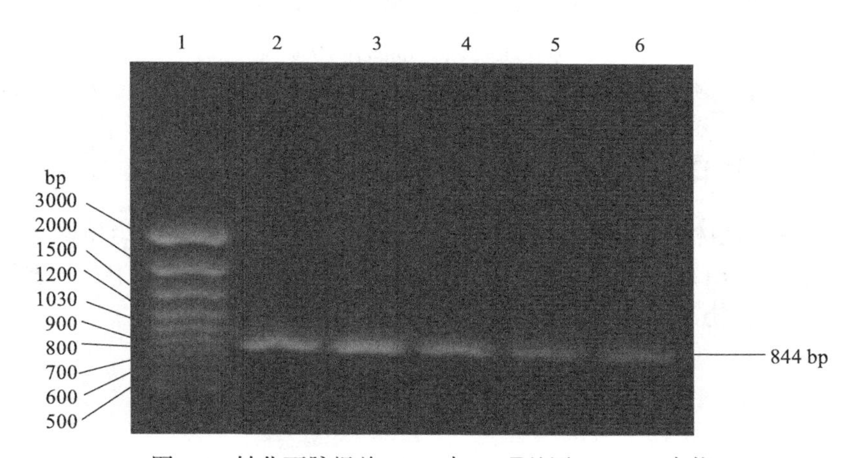

图 8.8　转化百脉根总 RNA 中 npt Ⅱ基因 RT-PCR 产物

1. DNA 分子质量标准；2～6. 转化百脉根总 RNA 中 npt Ⅱ基因 PCR 产物

8.4.6　目的基因DNA点杂交和PCR-Southern印迹

8.4.6.1　目的基因 DNA 点杂交

以目的基因的 DNA 片段作为标记探针，对 PCR 和 RT-PCR 检测的阳性百脉根植株进行目的基因 DNA 点杂交。结果表明，转基因百脉根植株总 DNA 有杂交信号，而未转化的百脉根植株总 DNA 无杂交信号（图 8.9），初步证明 VP1 基因已整合到百脉根基因组 DNA 中。

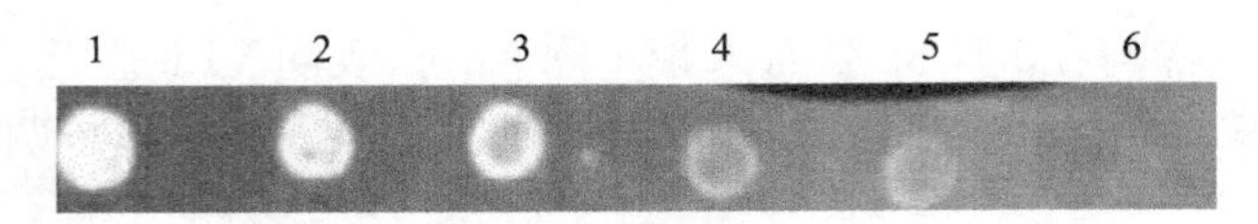

图 8.9　DNA 点杂交

1. 质粒 pBinFMDV-VP1；　2～5. 转基因百脉根；　6. 未转化百脉根

8.4.6.2　目的基因 PCR-Southern 印迹

以目的基因的 DNA 片段作为标记探针，对 PCR 和 RT-PCR 检测的阳性百脉根植株进行目的基因 DNA 的 PCR-Southern 印迹。结果表明，转基因百脉根植株总 DNA 在约 660 bp 处出现杂交条带，而未转化的植株总 DNA 未出现杂交条带（图 8.10），进一步说明 VP1 基因已整合到百脉根基因组 DNA 中。

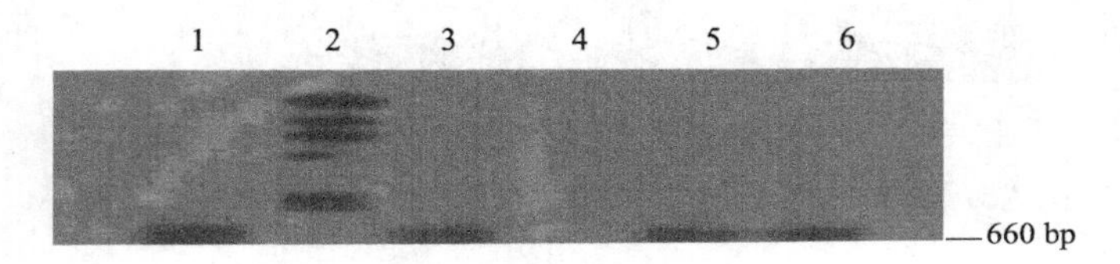

图 8.10　PCR-Southern 印迹

1. VP1 基因 PCR 产物；　2. DNA 分子质量标准；　3、5、6. 转基因百脉根；　4. 未转化百脉根

8.4.7　目的蛋白的Western Blot检测

3 株转基因植株在约 23.5 kDa 处有杂交带，未转基因的对照组植株无杂交带（图 8.11）。分子质量大小与预期的一致，说明 VP1 基因在百脉根中获得表达，并且具有一定的生物活性和免疫原性。

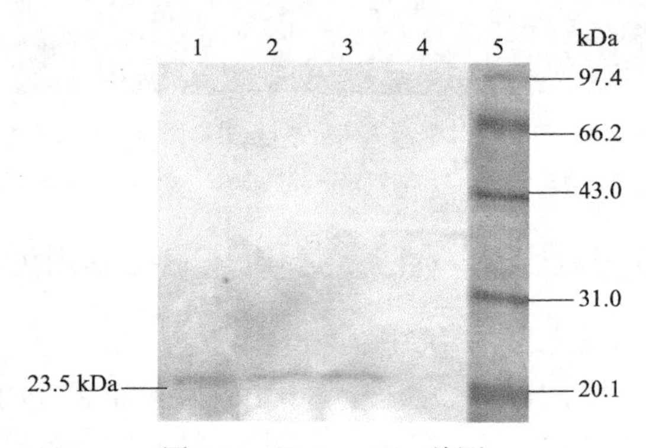

图 8.11　Western Blot 检测

1～3. 转基因百脉根；　4. 未转化的百脉根；　5. 蛋白质分子质量 Marker

8.5 讨　　论

作为生产转基因可饲化疫苗或免疫原的植物，营养丰富、适口性好的豆科牧草是首选的受体植物。豆科牧草也是所有双子叶植物中最难转化和转化率低的植物之一[4]。百脉根（*Lotus corniculatus* Linn.）为豆科百脉根属的重要牧草之一，是多年生豆科草本植物，广泛分布于我国中西部地区和世界各国。其营养丰富、耐寒、耐涝、耐贫瘠、耐践踏、耐牧及耐旱，抗病虫能力、适口性、饲草质量和家畜生长表观总体等均优于紫花苜蓿。另外，茎叶单宁含量较高，降低了粗蛋白在瘤胃中的降解速率，放牧反刍动物过度采食，一般不易发生瘤胃臌胀，是一种良好的放牧牧草、青饲料和青刈饲料[5]。百脉根既是牧草品种改良的模式植物，而且也是治理水土流失、改善生态环境的优良牧草。国内外利用基因工程技术对百脉根进行外源基因的转化，提高其抗逆性品种改良等方面的研究较多[6, 7]。白三叶草（*Trifolium repens* Linn）又名荷兰翘摇，是豆科白车轴草属牧草，为多年生长命型牧草，原产于欧洲、亚洲、非洲的交界地带，目前全世界广泛种植，也是我国栽培面积很大的一种豆科牧草，与百脉根一样含有丰富的蛋白质（占干物质的 18%～24%）、维生素和钙等矿物元素[5, 8]。另外，目前还没有成熟的白三叶草转化体系，转化后需要很长时间培养，转化子叶柄后诱导的愈伤组织很难诱导出再生芽[9]。

Carrillo 等将 FMDV 的 VP1 基因转入拟南芥[10]、马铃薯[11]、苜蓿[12]等，用所获得阳性转基因植株提取物免疫 Balb/C 小白鼠后，均能诱导小白鼠产生抗体，用强毒攻击后，有理想的保护率。这表明进行转 FMDV 基因牧草免疫原（疫苗）的研究和开发具有一定的意义与应用前景。本研究采用农杆菌介导法，将 FMDV 结构基因 VP1 转化百脉根和白三叶草的子叶和子叶柄；通过愈伤诱导芽和生根来获得转基因植株，为下一阶段的 FMDV 转基因牧草的动物饲喂免疫试验提供实验材料。

本研究中百脉根和白三叶草的组织培养试验结果表明，百脉根的再生条件和体系较白三叶草成熟。建立高效遗传转化体系，受体植物和农杆菌的生理状态是重要的关键环节。本试验中白三叶草转化后组织培养的过程中，在诱导愈伤和芽分化阶段花费了过多时间，尽管通过愈伤组织诱导芽可以降低转化植株嵌合体生成，但培养时间太长、愈伤褐化很严重，诱导出芽率很低。而通过根癌农杆菌介导转化百脉根子叶和子叶柄后，3～4 个月可获得生根和生长良好的转基因抗性植株，但移栽成活较困难，特别是百脉根和白三叶草这类多年生的豆科牧草第一年生长极其缓慢，植株茎短叶小，需大量扩繁才能满足检测用材料。

农杆菌的浓度和侵染时间对转化频率影响也很大，菌液浓度太大或侵染时间过长都会导致外植体组织褐化，并且农杆菌污染严重，在以后的筛选中难以控制；菌液浓度过低则会使转化频率降低 [13]。本试验中白三叶草的转化用了根癌农杆菌 AGL1 和 LBA 4404，观察发现 AGL1 活力比 LBA 4404 强，在组织培养过程中，需加大羧苄青霉素或头孢霉素的用量，否则难以抑制，造成农杆菌的污染，对植物外植体的生长发育有严重的影响。另外，目前还没有成熟的白三叶草转化体系，转化后培养时间很长，转化子叶柄后诱导的愈伤组织很难诱导出再生芽 [3,9]。本试验中经多批转化和 Kan 筛选后获得了少量白三叶抗性愈伤和小芽，有一部分抗性愈伤和小芽因未能抑制农杆菌污染而死亡，因而无法对百脉根和白三叶草做进一步的转化再生率和检测阳性率统计。获得的抗性白三叶草愈伤和再生芽量太少，放弃了对白三叶草的检测。

本研究采用根癌农杆菌介导法初次将阿克苏（Akesu/O/58）FMDV 结构基因 VP1 转入百脉根，对获得的百脉根抗性植株 DNA 水平进行了目的基因 VP1 的 PCR 检测、点杂交和 Southern Blot，证明目的基因转入并整合到百脉根基因组 DNA 中。从目的基因 VP1 和选择性报告基因 npt Ⅱ基因的转录水平检测及目的蛋白 VP1 的 Western Blot 检测结果表明，转入百脉根基因组中的 VP1 基因有转录活性并进行了有效翻译，并且初步证明转基因植株所表达的 VP1 蛋白具有一定的生物活性和免疫原性。收获阳性转基因百脉根植株种子进行子代遗传分析，动物试验工作将在下一阶段实施。

8.6 结　　论

本研究以豆科牧草百脉根子叶、子叶柄和白三叶草子叶柄为转化受体，通过根癌农杆菌介导法，将阿克苏（Akesu/O/58）FMDV 结构基因 VP1 转化百脉根和白三叶草，其愈伤、芽和生根等过程经 50 mg/L Kan 筛选后，获得批量 Kan 抗性百脉根和少量白三叶草抗性植株。对百脉根抗性植株进行 VP1 基因和选择性报告基因 npt Ⅱ的 PCR、RT-PCR 检测后，随机选取阳性植株进行 VP1 基因的 DNA 点杂交、PCR-Southern Blot 和 VP1 蛋白的 Western Blot 检测。转入百脉根基因组中的 VP1 基因有转录活性并进行了有效翻译，初步证明转基因植株所表达的 VP1 蛋白具有一定的生物活性和免疫原性。本研究初次将阿克苏（Akesu/O/58）FMDV 结构基因 VP1 转入豆科牧草百脉根，并且获得了正确表达的转基因植株。

参 考 文 献

[1] 吕德扬，马秀叶，叶超，等. 豆科牧草百脉根原生质体和外植体植株的再生 [J]. 科学通报，1986,31（10）:770-772.

[2] Derek WR, White H, Christine V. Prolific direct plant regeneration from cotyledons of white

clover [J]. Plant Cell Reports, 1994, 13: 303-308.

[3] Christionsen P, Gibson JM, Moore A, et al. Transgenic trifolium repens with foliage accumulating the high sulphur protein, sunflower seed albumin [J]. Transgenic Res, 2000, 9: 103-113.

[4] 傅荣昭 , 孙勇如 , 贾士荣 . 植物遗传转化手册 [M]. 北京 : 中国科技出版社 ,1994:94-95.

[5] 徐柱 . 中国牧草手册 [M]. 北京 : 化学工业出版社 ,2004:184-188.

[6] 王广立，潜忠兴，刘宝先 , 等 . 水稻 10KD 醇溶蛋白基因克隆、序列分析及对植物百脉根的转化 [J]. 植物学报 ,1994,36（5）:351-357.

[7] 虞建平 , 邵启全 . 根癌农杆菌介导的百脉根的转化 [J]. 中国科学（B 辑）, 1990,3:270-274.

[8] 胡国富 , 胡宝忠 , 姜述君 , 等 . 白三叶营养体的结构 [J]. 东北农业大学学报 , 2002, 33(2):170-174.

[9] 周建明 . 以农杆菌（*A.tumefaciens*）为载体向白三叶（*Trifolium repens* L.）细胞转导外源基因的研究 [J]. 草食家畜（季刊）,3（1）(总第 90 期）,1996:44-47.

[10] Carrillo C, Wigdorovitz A, Oliveros JC, et al. Protective immune response to foot-and-mouth disease virus with VP1 expressed in transgenic plants [J]. Virol, 1998, 1688-1690.

[11] Wigdorovitz A, Perez DMF, Robertson N, et al. Protective of mice against challenge with foot-and-mouth disease virus (FMDV) by immunization with foliar extracts from plants infected with recombinant tobacco mosaic virus expressing the FMDV structural protein VP1 [J]. Virol, 1999, 264: 85-91.

[12] Dus Santos MJ, Wigdorovitz A, Trono K, et al. A novel methodology to develop a foot-and-mouth disease virus (FMDV) peptide-base vaccine in transgenic plants [J]. Vaccine, 2002, 20: 1141-1147.

[13] 张振霞 , 储成才 , 符义坤 .GA20-氧化酶基因转化豆科牧草百脉根的研究 [J]. 草业学报 ,2002,11（3）:97-100.

9　FMDV VP1 转基因烟草对 Balb/C 小鼠免疫效果的研究

9.1　目　　的

观察 FMDV VP1 转基因烟草对 Balb/C 小鼠的免疫效果。

9.2　技 术 路 线

将 7 株阳性转基因烟草叶片提取物分别与弗氏佐剂乳化后，在 0 天、15 天、30 天和 45 天腹膜腔接种 7 组 60～80 日龄雄性 Balb/C 小鼠，对照组小鼠用未转基因烟草叶片提取物免疫。于第 4 次免疫后第 9 天进行血清抗体检测；第 12 天用 10^4 乳鼠半数致死量（LD_{50}）的同源 FMDV 攻击，攻毒后 24 h 采血，通过乳鼠试验判定 Balb/C 小鼠病毒血症和攻毒保护情况，检测转基因烟草的免疫效果。

9.3　材料与方法

9.3.1　材料

9.3.1.1　实验动物

60～80 日龄和 100～120 日龄雄性 Balb/C 小鼠 [体重（20 ± 2）g，清洁级] 购自甘肃省肿瘤医院实验动物中心。1～2 日龄乳鼠及母鼠由中国农业科学院兰州兽医研究所实验动物中心提供。

9.3.1.2　实验材料

阳性转基因烟草植株和未转化的对照组烟草植株系笔者前期研究获得，阿克苏（Akesu/O/58）FMDV 株病毒由中国农业科学院兰州兽医研究所病毒室保存。

9.3.1.3　试剂

弗氏佐剂购自 Sigma 公司。FMDV LBE 诊断试剂盒由中国农业科学院兰州兽医研究所提供。其他化学试剂均为分析纯。

9.3.2　方法

9.3.2.1　样品处理

取 7 株 Western Blot 检测阳性和 1 株未转基因的新鲜烟草叶片，清水冲洗后用 70% 酒精棉球擦拭叶片，待酒精挥发后称重。分别取 2～3 g 转基因或非转基因烟草植株叶片，加液氮中研磨，研成细粉后加 8～12 mL 的 PBST，相当于 1：4（叶片重：PBS 体积，*m*/*V*）的叶片粗提取物，以 200 IU/mL 加入青 / 链霉素。分别进行烟草叶片可溶性蛋白提取 [1]。

9.3.2.2　免疫方法

首次免疫用等体积弗氏完全佐剂充分乳化，其余 3 次免疫用等体积弗氏不完全佐剂充分乳化。分别于第 0 天、15 天、30 天、45 天对 Balb/C 小鼠进行腹膜腔注射，每株烟草叶片提取物注射 1 组，共 8 组，每组 10 只；首次免疫每只注射 200 μL 叶片提取物（相当于每只小鼠接种约 25 mg 叶鲜重），其余 3 次免疫每只注射 400 μL 叶片提取物（相当于每只小鼠接种约 50 mg 叶鲜重）。

9.3.2.3　抗体检测

于第 4 次免疫后第 9 天，每组随机取 6～8 只 Balb/C 小鼠断尾采血，分离血清备用。按 LBE 诊断试剂盒说明进行血清抗体检测和结果判定。

9.3.2.4　乳鼠病毒半数致死量（LD_{50}）测定

1）病毒的复壮和收集

本试验用阿克苏（Akesu/58）O 型口蹄疫病毒株系牛舌皮毒。将舌皮毒适应乳鼠，即用灭菌乳白液（pH7.6）漂洗，吸水纸吸干，称重，在无菌研钵内充分剪碎，加石英砂少许研磨，用灭菌乳白液以 1：3 稀释，此病毒液以 200 IU/mL 加入青 / 链霉素，4℃浸毒过夜后，3500 r/min 离心 15 min，上清液即为病毒液。将此病毒液接种 2～3 日龄乳鼠，收集发病死亡乳鼠的胴体为乳鼠 1 代毒（MF1），将 MF1 乳鼠胴体按上述方法（漂洗、称重、研磨和稀释等）处理后，再将病毒液连续适应 2～3 日龄乳鼠 2 代（MF2）和 3 代（MF3），取发病死亡时间稳定、规律、症状典型的 MF3 代乳鼠胴体研磨、离心，病毒上清液加 200 IU/mL 青 / 链霉素，4℃浸毒后，离心分装上清液，置 –70℃保存备用。

2）乳鼠病毒半数致死量的测定

将 MF3 代鼠毒提取液置冷水浴中融化后，用灭菌乳白液（pH7.6）将病毒提取液作 10 倍递增稀释，选 10^{-4}～10^{-8} 5 个稀释度，每个稀释度颈背部皮下注射 4 只 2～4 日龄乳鼠，每只 200 μL，以同剂量灭菌乳白液颈背部皮下注射 4 只 2～4 日龄乳鼠作为对照组，连续观察 7 天，记录每组发病、死亡和存活率，实验结果用 Reed-Muench 法统计 LD_{50}[2]。

9.3.2.5　病毒血症试验

参考文献 [1]、[3]～[7] 中方法，在 3 次预试验的基础上改进并建立了本研究的病毒血症判定试验。试验组用 10^4 LD_{50} 的同源强毒通过腹膜腔接种攻击 100～120 日龄雄性 Balb/C 小鼠 6 只，每只 200 μL；对照组腹膜腔接种相同剂量稀释液（灭菌乳白液）。接种后 24 h，试验组和对照组 Balb/C 小鼠断尾采血，快速将血液用灭菌乳白液以 1∶10 稀释。每份稀释血样颈背部皮下接种 4 只 2～4 日龄乳鼠，每只 200 μL。连续观察 7 天，记录发病、死亡情况。

9.3.2.6　攻毒保护试验

选用 9.3.2.3 节中第 4 和 5 组（4# 和 5# 转基因烟草叶提取物免疫）抗体检测阳性、第 2 组（2# 转基因烟草叶提取物免疫）抗体阴性和对照组（未转基因烟草叶提取物免疫）共 4 组 Balb/C 小鼠，在第 4 次免疫后第 12 天，按 9.3.2.5 节中试验组方法和剂量进行攻毒及病毒血症试验。

9.4　结　　果

9.4.1　血清抗体的检测

于第 4 次免疫后第 9 天，对 7 株阳性转基因和 1 株未转基因的新鲜烟草叶片分别免疫的 8 组小鼠随机抽样采血，进行血清抗体检测。以试验组小鼠血清抗体 OD_{492} 值低于对照组小鼠血清抗体 OD_{492} 值的一半（50%）为阳性判定标准，并按试剂盒中说明判定血清抗体效价。结果表明，7 株阳性转基因植株免疫的 7 组小鼠中有 2 组 Balb/C 小鼠血清抗体为阳性，其余 5 组和对照组的 Balb/C 小鼠血清抗体均为阴性，说明 7 株阳性转基因烟草中的 2 株表达的抗原蛋白能够刺激 Balb/C 小鼠产生特异性抗体（图 9.1）。

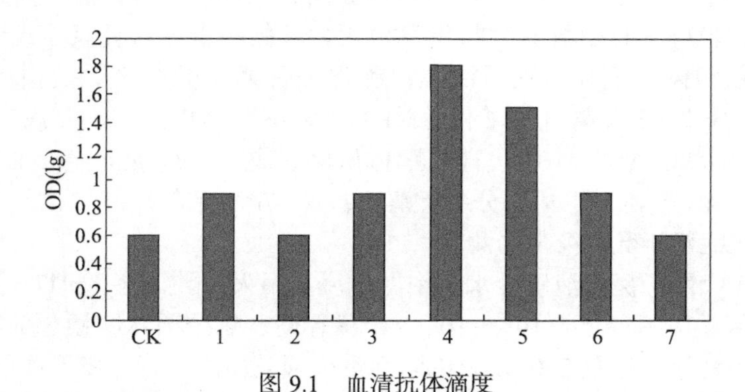

图 9.1　血清抗体滴度

CK，用未转基因烟草植株免疫的对照组 Balb/C 小白鼠血清抗体；1～7，用 7 株阳性转基因烟草植株免疫的 7 组 Balb/C 小白鼠血清抗体

9.4.2 病毒的乳鼠半数致死量

LD_{50} 测定结果见表 9.1。经 Reed-Muench 法计算，阿克苏（Akesu/O/58）株 FMDV 的 LD_{50} 为 10^{-8}。

表 9.1 阿克苏（Akesu/O/58）FMDV 乳鼠半数致死量（LD_{50}）测定

毒稀释度	接种只数	存活数	死亡数	累积总计		死亡比例	致死率 /%
				存活数	死亡数		
10^{-5}	4	0	4	0	13	13/13	100
10^{-6}	4	1	3	1	9	9/10	90
10^{-7}	4	1	3	2	6	6/8	75
10^{-8}	4	1	3	3	3	3/6	50

9.4.3 病毒血症试验

在攻毒后 24 h 采血进行乳鼠病毒血症判定试验，攻毒试验组乳鼠发病死亡率为 100%，即用 10^4 LD_{50} 的同源病毒攻击后 100% 的 Balb/C 小鼠有病毒血症；稀释液（灭菌乳白液）接种的对照组乳鼠全部健活（表 9.2）。该方法可以作为本试验转基因烟草免疫 Balb/C 小鼠攻毒保护试验的判定标准。

表 9.2 病毒血症试验

组别	攻毒 Balb/C / 只	接种乳鼠 / 只	乳鼠病死率 /%	Balb/C 小鼠病毒血症 /%
试验组	6	24	100	100（6/6）
对照组	5	20	0	0（0/5）

9.4.4 攻毒保护率

用 10^4 LD_{50} 同源病毒量攻击后 24 h 采血进行的乳鼠病毒血症判定试验结果表明，第 4、5、2 株阳性转基因烟草植株组和对照组 Balb/C 小鼠保护率分别为 100%、62.5%、0% 和 0%（表 9.3），说明第 4 株和第 5 株试验组 Balb/C 小鼠在一定程度上能够抵抗口蹄疫同源病毒的攻击。

表 9.3 攻毒保护试验

组别	免疫 Balb/C / 只	Balb/C 病毒血症 / 只	保护率 /%
第 4 株组	8	0	100（8/8）
第 5 株组	8	3	62.5（5/8）

续表

组别	免疫 Balb/C/ 只	Balb/C 病毒血症 / 只	保护率 /%
第 2 株组	8	8	0（0/8）
对照组	7	7	0（0/7）

9.5 讨　论

自 1983 年第一种转基因植物疫苗问世至今，已通过植物表达了许多种病毒、细菌等的抗原蛋白。有很多经口服和（或）肠外免疫（oral and/or parenteral inoculation）转基因植物表达的蛋白产物后产生了理想免疫应答和攻毒保护的研究报道[1,8～10]。有关 FMDV 转基因植物疫苗方面的研究报道相对较少，阿根廷的 Carrillo 和 Wigdorovitz 等小组将 FMDV 的 VP1 基因或含有抗原表位的基因（VP1 的 135～160 位氨基酸残基）分别转入拟南芥[1]、马铃薯[3]、苜蓿[4]进行稳态表达，同时以烟草花叶病毒（TMV）为载体进行了烟草的瞬时表达[5]。该小组用所获得的几种转基因植物免疫小鼠并进行强毒攻击，结果表明，几种转基因植物均能刺激小鼠产生特异性抗体，并有理想的攻毒保护效果。该小组对所攻毒小鼠的病毒血症和保护效果的判定试验基本沿用了 Fernandz[6] 和 Zamorano[7] 等的方法。国内有关 FMDV 转基因植物方面的研究起步较晚，孙萌[11]通过基因枪法将 O 型 FMDV VP1 基因转入烟草和衣藻的叶绿体，目的基因在烟草和衣藻的叶绿体中获得了高效表达。李昌等[12]也通过基因枪法将 FMDV P1 基因转入马铃薯茎块，经检测证明目的基因整合到马铃薯基因组中，但均未查阅到这两例成功研究相关的动物实验报道。

免疫接种的最终目的是使所免疫的动物产生保护性抗体并能够抵抗该病原微生物的侵袭。成年小鼠对 FMDV 的易感性比乳鼠差，缺乏典型的临床症状，所以通过乳鼠试验来判定成年 Balb/C 小鼠攻毒后有无病毒血症，从而判断免疫成年 Balb/C 小鼠抗强毒攻击的保护效果[1,3～7]。本研究在 3 次病毒血症预试验中进行了病毒攻击量、乳鼠日龄、接种途径和部位、剂量、攻毒后采血时间等的筛选和确定。预试验结果表明，上述因素可导致乳鼠病毒血症试验结果出现差异，因而难以保证免疫小鼠攻毒保护试验的准确性。Frenandez 等[6]对 4 个品系成年小鼠感染 FMDV 后的病理学研究发现，Balb/c-J 和 CF_1 两品系小鼠感染 FMDV 后 12 h 出现病毒血症，24 h 血液和胰腺中病毒滴度最高。该研究还指出，成年小鼠感染 FMDV 后造成的病理性损伤程度因病毒株、接种途径和小鼠品系等不同而各异。中国农业科学院兰州兽医研究实验动物中心实验用小鼠对 FMDV 易感性试验结果表明，3～4 日龄乳鼠对 O 型 FMDV 有极强的易感性，接种病毒后 15 h 出现典型的临床症状[13]。Graves 等[14]也提出不同型及亚型的 FMDV 病毒对不同日龄、品种的动物易感性有很大差异。因此，在进行 FMDV 病毒血症等方面试验时，建立与该试验条件相一致的参考数据是非常重要且必不可少的。本研究通过病毒血症预试验和病毒血症试验，对文献中方法进行了以下改进：①因 5～6 日龄乳鼠腿部肌肉注射 50 μL 稀释血样时易洒漏 [1,3～5,9]，且仍有部分乳鼠健活，故选择 2～4 日龄乳鼠颈背部皮下注射 200 μL 稀释血样，与本试验 LD_{50} 测定中乳鼠日龄、注射部位和剂量一致；②攻毒后 36 h[5～9] 和 48 h[4] 对 Balb/C 小鼠血液进行乳鼠病毒血症试验，提前为攻毒后 24 h 采血进行病毒血症试验。

检测口蹄疫免疫动物血清特异抗体的常用方法有病毒中和试验（VN）、正向间接血凝试验（IHA）、酶联免疫吸附试验（ELISA）等。尽管 VN 是 FMD 抗体检测的经典方法，但 VN 需要培养细胞和使用活病毒，因而液相阻断 -ELISA（LBE）法的使用越来越广泛，此方法也是国际兽疫局推荐的方法之一。另外，LBE 法也是目前国际上公认的可以代替 VN 的方法。该方法不仅快速、灵敏、重复性好，而且不需要使用动物本身（如牛、羊、猪或豚鼠）和细胞培养，也不动用活病毒，可确保检测的安全性 [15]。

近年来，国内外关于 FMD 转基因植物方面的研究报道相对较少，其中以阿根廷的 Dus Santos 和 Carrillo 小组的研究较为系统。该小组将 FMDV VP1 基因分别转入拟南芥 [1]、马铃薯 [3]、苜蓿 [16] 实现了稳态表达，并在烟草中实现了瞬时表达。用获得的几种转基因植物免疫小鼠均获得了理想的免疫应答和保护效果。

Carrillo[1] 等采用农杆菌介导法将 FMDV（O1C）VP1 基因转入拟南芥，以每只小鼠 500 μL 冻干叶片提取物（叶片鲜重为 25～50 mg）进行 3 次腹膜腔接种雄性 Balb/C 小鼠后，14 只试验小鼠全部产生特异性抗体，用 10^4 LD_{50} 病毒攻击后保护率达 100%，而对照组 Balb/C 小鼠 100% 发病。Wigdorovitz 和 Carrillo 等 [4] 的研究小组将 FMDV VP1 结构蛋白基因转化苜蓿并获得转基因植株，用转基因苜蓿的叶片浸提物腹腔注射小鼠，或用新鲜叶片直接饲喂免疫，均可诱导产生特异性免疫应答，腹腔注射免疫的小鼠保护率达 77%～80%，饲喂免疫的小鼠保护率达 66%～75%。两项研究中均未能定量检测到表达的 VP1 蛋白含量，仅显示了接种小鼠的叶片提取物剂量。Wigdorovitzt 等 [5] 用克隆有 FMDV VP1 基因的烟草花叶病毒（TMV）重组载体侵染（接种）烟草实现了瞬时表达。侵染后 4 天，就可通过 Western Blot 检测到重组 VP1 蛋白。用此重组 VP1 的叶片蛋白粗提物免疫小鼠，可诱导产生 FMD 特异性抗体。所有的免疫小鼠抵抗了同源 FMDV 强毒的攻击，而未免疫或用空载体转化植株免疫的小鼠全部感染发病。该实验中小鼠免疫接种量为 150 μL 烟草叶片提取物（叶片鲜重为 15～20 mg），估算每只小鼠每次的免疫剂量为 0.5～1 μg 重组 VP1 蛋白，但估算的方法及依据均未在论文中显示。

针对外源蛋白表达定量检测困难的问题，Dus Santos 等 [16] 将编码 FMDV VP1 蛋白抗原表位氨基酸（135～160 位）的基因与 GUS 基因融合，通过检测转基因苜蓿中的 GUS 酶活性，计算了 4 株高表达的植株中 VP1 与 GUS 融合基因的表达量占可溶性总蛋白的 0.05%～0.1%。但也有学者认为融合表达的蛋白质易使抗原表位被遮蔽而影响免疫原性，这比低表达量更不尽如人意。Mason 等 [17] 认为，尽管转基因植物表达的抗原蛋白量很低，甚至因检测方法灵敏度限制而检测不到，但其免疫原性和免疫效果较理想。

本试验中 7 株阳性转基因烟草叶片提取物分别免疫 Balb/C 小鼠后，7 组中有 2 组 Balb/C 小鼠血清抗体检测呈阳性，证明根癌农杆菌介导的转基因烟草所表达的 FMDV VP1 抗原蛋白具有一定的免疫原性，免疫成年 Balb/C 小鼠后能产生特异性抗体，并且能够抵抗同源 FMDV 的攻击，免疫效果和保护率与报道一致或接近。本试验仅通过血清抗体水平对体液免疫方面做了初步的分析，而对细胞免疫方面未做探讨。本试验结果表明，尽管第 4、5 组小鼠血清抗体水平不高，但攻毒保护率达 100% 和 62.5%，保护效果理想。因此，除体液免疫外，可能是细胞免疫发挥了重要作用。本试验中其他 5 株转基因烟草植株免疫小鼠的血清抗体效价低，但 5 组小鼠中有部分小鼠也产生了特异性抗体反应。这与前期检测未筛选出高表达植株，各植株表达量存在差异有关，也可能与转基因植株表达量低而未达到有效免疫剂量（或导致的免疫耐受）有关，还可能与接种的烟草叶片提取物量少有关。因本研究获得的转基因植株材料有限，考虑到动物实验用材料量多、工作量大，故本研究未做动物试验饲喂免疫处理组。

提高转化植株的表达量仍是目前亟待解决的问题，尽管可以通过选择特异性启动子、植物偏好密码子、内质网识别序列（SKEDEL）等途径改善，但这些措施也因外源基因、转化受体品种等不同而有很大差异，即外源基因的插入、转录和有效翻译都具有不可控性。

本试验结果只能初步证明所获得的转基因烟草表达的 VP1 蛋白具有一定的免疫原性，这为本研究中转基因豆科牧草可饲化免疫原（或疫苗）的研究提供了初步的试验基础和依据，同时也表明通过植物生物反应器研究和生产有效、安全、低成本、使用方便的 FMD 可饲化疫苗有广阔的应用前景。

9.6 结　论

本研究将阳性转基因烟草叶片提取物与弗氏佐剂乳化后，通过腹腔接种小鼠，于免疫 4 次后检测血清抗体，并用 10^4 乳鼠半数致死量（LD_{50}）的同源 FMDV 攻击，通过乳鼠试验判定 Balb/C 小鼠病毒血症和攻毒保护情况。结果表明，7 组中有 2 组 Balb/C 小鼠血清抗体呈阳性，2 组 Balb/C 小鼠的攻毒保护率分别为 100% 和 62.5%。对照组小鼠血清抗体呈阴性，攻毒保护率为 0%，证明 2 株转基因烟草表达的 VP1 蛋白具有较好的免疫原性，所免疫的 2 组 Balb/C 小鼠对同源 FMDV 攻击有一定的抵抗能力。

参 考 文 献

[1] Carrillo C, Wigdorovitz A, Oliveros JC, et al. Protective immune response to foot-and-mouth disease virus with VP1 expressed in transgenic plants [J]. Virol, 1998, 72（2）: 1688-1690.

[2] 中国农业科学院兰州兽医研究所 . 口蹄疫和猪水泡病诊断技术（内部资料）, 1984:32-34.

[3] Carrillo C, Wigdorovitz A, Trono K, et al. Induction of a virus –specific antibody response to foot-and-mouth disease virus using the structural protein VP1 expressed in transgenic potato plants [J]. Virol Immunol, 2001, 14: 49-57.

[4] Wigdorovitz A, Carrillo C, Maria J, et al. Induction of a protective antibody response to foot-and-mouth disease virus in mice following oral or parenteral immunization with alfalfa transgenic plants expressing the viral structural protein VP1 [J]. Virol, 1999, 55: 347-353.

[5] Wigdorovitz A, Perez DMF, Robertson N, et al. Protective of mice against challenge with foot-and-mouth disease virus (FMDV) by immunization with foliar extracts from plants infected with recombinant tobacco mosaic virus expressing the FMDV structural protein VP1 [J]. Virol, 1999, 264: 85-91.

[6] Fernandez FM, Borca MV, Sadir AM, et al. Foot-and-mouth disease virus (FMDV) experimental infection: Susceptibility and immune response of adult mice [J]. Veter Microbiol, 1986, 12: 15-24.

[7] Zamorano P, Igdorovitz A, Perez D M, et al. A 10-Amino-acid linear sequence of foot-and-mouth disease virus containing B-and-T-cell epitopes induces protein in mice [J]. Virol, 1995, 212: 14-621.

[8] Thanvala YF, Yang P, Lyons HS, et al. Immunogenicity of transgenic plant derived hepatitis B surface antigen [J]. Proc Natl Acad Sci USA, 1995, 92: 3358-3361.

[9] Haq TA, Maason HS, Clements JD, et al. Oral immunization with recombinant bacterial antigen produced in transgenic plants [J]. Sci, 1995, 268: 714-716.

[10] Mason HS, Ball JM, Shi JJ, et al. Expression of Norwalk virus capsid protein in transgenic tobacco and potato and its oral immunogenicity in mice [J]. Proc Natl Acad Sci USA, 1996, 13: 1484-1487.

[11] 孙萌 . 口蹄疫病毒 VP1 抗原基因在模式植物叶绿体中的重组和表达 [D]. 杭州：浙江大学博士学位论文 ,2003.

[12] 李昌 , 金宁一 , 王罡 , 等 . 基因枪法转化马铃薯及转基因植株的获得 [J]. 作物杂志 ,2003,1:12-14.

[13] 中国农业部畜牧兽医司 . 家畜口蹄疫及其防制 [M]. 北京 : 中国农业科技出版社 , 1994:102.

[14] Gaves JH, Mckercher PD, Callis JJ, et al. Foot-and-mouth disease vaccine: Influence of the

vaccine virus subtype on neutralizing antibody and resistance to disease [J]. Am J Vet Res, 1972, 33（4）: 765-768.

[15] 马军武 , 刘湘涛 , 靳野 . 液相阻断 ELISA 检测口蹄疫病毒抗体的应用研究 [M]. 中国畜牧兽医学会口蹄疫学分会第九次全国口蹄疫学术研讨会论文集 ,2003:368-369.

[16] Dus Santos MJ, Wigdorovitz A, Trono K, et al. A novel methodology to develop a foot-and-mouth disease virus（FMDV）peptide-base vaccine in transgenic plants [J]. Vaccine, 2002,20:1141-1147.

[17] Mason HS, Judith MB, Shi JJ, et al, Expression of Norwalk virus capsid protein in transgenic tobacco and potato and its oral immunogenicity in mice [J]. Nat Acad Sci USA, 1996, 93: 5335-5340.

10　口蹄疫转基因植物疫苗研究总结与展望

新型FMD疫苗中，植物反应器生产的可饲化疫苗不仅克服了灭活疫苗存在的弊端，而且具有生产成本低、贮存和运输不需要特殊的冷链系统、使用方便等优点，成为新型疫苗研究的热点。根据前期进行的口蹄疫转基因植物疫苗的研究，结合国内外口蹄疫转基因植物疫苗研究的现状，从口蹄疫转基因植物疫苗转化的目的基因的选择、转化方法、受体植物、免疫效果等方面做如下总结与展望。

10.1　口蹄疫转基因植物疫苗研究总结

10.1.1　目的基因的选择

口蹄疫病毒全衣壳集中了该病毒较多的抗原位点，这是该研究目的基因选择的依据。FMDV只含有一个大的开放阅读框，编码一多聚蛋白，多聚蛋白在病毒自身编码的蛋白酶作用下，加工成病毒粒子组装及复制所需要的结构蛋白及非结构蛋白。16个氨基酸的多肽2A具有蛋白酶活性，催化结构蛋白前体L-P1-2A从2BC连接处顺式切割，L-P1-2A由3C蛋白酶次级裂解为L、VP0、VP3、VP1、2A、VP0、VP3、VP1能自我组装成二十面体的核衣壳，随着VP0成熟裂解成VP2、VP4，病毒RNA组装进病毒及壳形成完整的病毒粒子。在FMDV的4种结构蛋白（VP4、VP2、VP3、VP1）中，VP1是口蹄疫病毒主要的抗原性决定蛋白，已发现O型口蹄疫病毒至少有2个中和性抗原位点，其中有3个位于VP1上，其他2个分别位于VP2、VP3上。因此，口蹄疫转基因植物疫苗的研究从20世纪末开始，进行了不同血清型口蹄疫病毒的结构基因VP1、P1、P12A-3C、多抗原表位基因组合等的遗传转化。

阿根廷的Carrillo等[1]领导的研究小组，选择了口蹄疫病毒O1 Campos（O1C）的结构基因VP1（FMDV-VP1）插入双元载体pRok1中，构建重组载体pRok1VP1，使FMDV-VP1基因在拟南芥中表达。该小组于1999～2001年又成功地在烟草中瞬时表达[2]和在马铃薯中稳态表达了FMDV VP1基因[3]。Wigdorovitz等[4]和DasSantos等[5]将口蹄疫病毒VP1结构蛋白135～160位多肽基因片段与GUS基因融合，转化苜蓿得到转基因植物，通过检测GUS，证明该多肽在苜蓿中表达。2005年，Dus Santos等将口蹄疫病毒结构基因P1转入苜蓿，并用该转基因苜蓿的叶提取物免疫 Balb/C 小白鼠，均获得了理想的免疫应答[6]。

国内由金宁一带领的团队分别将 FMDV 结构蛋白 P1 全长基因转化到马铃薯[7～11]、玉米[12,13]，均获得了理想的表达效果。该团队又将 FMDVP1 全长基因、HIVgag 结构蛋白基因和 HlVgag-gp120 嵌合基因导入马铃薯中，经检测证明已获得含有 FMDV P1 全长基因、HIVgag 结构蛋白基因和 gag-gp120 嵌合基因的马铃薯植株。该团队对 FMDV 全长结构蛋白基因 P1 在马铃薯中的转化做了深入系统的研究，不仅成功构建了重组口蹄疫 P1 基因的植物高效表达载体 pBI131SP1，而且对该基因进行了相关修饰，在表达载体中增加了对转录与翻译有调控作用的各种序列。同时对转化马铃薯进行了检测，证明口蹄疫 P1 基因已整合到马铃薯染色体基因组中并获得理想表达，该研究为国内基因枪转化马铃薯研究提供了可行性途径和方法。该团队还将口蹄疫病毒结构蛋白 P1 基因成功转化到玉米。

王冬梅[14]等进行了 O 型口蹄疫病毒 VP1 及多抗原表位基因在热带优良牧草柱花草中的转化与表达，并建立了遗传转化体系。该研究构建了 VP1 基因的 N 端融合泛素基因、C 端带 6 His-tag 的融合表达的大肠杆菌表达载体 pET30a-Ub-VP1，表达载体通过 $CaCl_2$ 法转化大肠杆菌感受态细胞 BL21（DE3），经 IPTG 诱导，目标蛋白主要以包涵体形式存在。同时，该团队进行了口蹄疫多抗原表位基因组合表达的抗原性分析，包括：合成了 5 个 T 表位基因（A 型口蹄疫 3A 蛋白上的 21～35 aa 位氨基酸，A、O 型口蹄疫 3C 蛋白上保守的 196～210 aa 位氨基酸，O 型口蹄疫 VP2 蛋白上的 49～68 aa 位氨基酸，O 型口蹄疫 VP3 蛋白上的 81～100 aa 位氨基酸，O 型口蹄疫 VP4 蛋白上的 20～40 aa 位氨基酸）；合成了 2 个 B 表位基因（A 型口蹄疫 VP1 蛋白上的 138～160 aa 位氨基酸，O 型口蹄疫 VP1 蛋白上的 137～160 aa 位氨基酸）。采用 *Ava* Ⅲ、*Pst* Ⅰ这对同尾酶的酶切、连接性质，分别经三次对克隆载体进行酶切、连接反应，将上述 T、B 表位基因和 VP1 基因分别构建不同融合方式的中间载体 pMD-T-B-T、pMD-T-T-B、pMD-B-T-T。再通过对中间载体的酶切，分别与马铃薯 X 病毒载体（PVX）连接、转化及菌落 PCR 鉴定和酶切鉴定，得到中间表达载体 PVX-T、PVX-B、PVX-T-B-T、PVX-T-T-B、PVX-B-T-T、PVX-VP1。中间表达载体分别用电激转化法转化农杆菌 GV3301+PLICSa，用携带各抗原基因的农杆菌工程菌种侵染烟草，RT-PCR 检测各表位基因均在烟草中得以转录。对各表位组合表达的抗原性进行分析，结果表明，不同的方式组合在抗原性上存在一定的差异，以 T-B-T 的融合方式最高，B-T-T 次之，再是 T-T-B，但都高于 VP1 基因的表达产物，更高于 T、B 融合表位的单独表达产物。

中国农业科学院兰州兽医研究所张永光研究团队，采用根癌农杆菌介导法分别将阿克苏（Akesu/O/58）FMDV 结构基因 VP1 转入烟草和豆科牧草百脉根[15,16]；口蹄疫（O/China/99）分离株结构基因 P1-2A、蛋白酶和 3C 基因转化到番茄，将结构基因 VP1 转化到拟南芥中均获得高表达植株[17,18]；亚洲Ⅰ型口蹄疫病毒结构蛋白 VP1 基因导入 NC89 烟草基因组中[19]；口蹄疫病毒 P12A-3C 基因通过根癌农杆菌介导法，导入百脉根基因组[20]。该团队将前期完成的口蹄疫病毒分离株 O/China/99 的 P1 基因、2A 基因和部分 2B 基因克隆到 pGEM 质粒（即 pGEM/P12A），将 3C 基因克隆到 pGEM 质粒（即 pGEM/3C），再与根癌农杆菌 GV3101、辅助质粒 pRK2301 和植物组成型表达质粒 pBin438 构建口蹄疫病毒 O/China/99 株多基因植物组成型表达载体 pBin438/P12X3C。经鉴定，FMDV O/China/99 株结构蛋白 P1、非结构蛋白 2A 和 3C，以及部分 2B 的基因，即 P12X3C 全长 3024 个核苷酸，编码 1008 个氨基酸，与亲本毒株 O/China/99 株的相应编码序列比较，P12X3C 基因序列与原序列完全一致，同源性为 100%。该研究团队成功构建 FMDV 多基因的植物组成型表达载体，为 FMD 可饲疫苗的研制奠定了基础[21]。

10.1.2 转化受体植物的选择

口蹄疫转基因植物疫苗研究中，转化的受体植物有：模式植物拟南芥、烟草，豆科植物大豆、苜蓿、百脉根、白三叶草，单子叶植物玉米、水稻，还有马铃薯和热带优良牧草柱花草等。各研究小组在植物转化体系建立方面进行了较为系统的探索。同时，学者们也发现在植物稳定表达系统中，主要采用花椰菜花叶病毒（CaMV）35S 组成型表达启动子。这类启动子的表达具有持续性，RNA 和蛋白质表达量相对恒定，不表现时空特异性，也不受外界因素诱导，但表达水平低，而且植物组成型启动子引导目的基因在植物的各组织中均有表达，这会消耗植物内源的物质和能量，可能会给植物的正常生长带来一些不利的影响。而组织特异性启动子也称为器官特异性启动子，在这些启动子的调控下，基因的表达往往只发生在某些特定的器官或组织。例如，马铃薯块茎特异性启动子是典型的组织特异性启动子，其他植物组织特异性启动子还有花粉特异性表达基因启动子、大豆种子特异性启动子等。农作物的种子胚部分含有丰富的可溶性蛋白，重组蛋白表达量较高，能够长期保存，并且种子蛋白比较容易分离纯化，有利于浓缩重组抗原蛋白，因而是非常理想的重组蛋白的生产载体。

金宁一研究员等领导的课题组采用马铃薯、玉米作为植物反应器，考虑到外源蛋白在植物体内表达量低、纯化不易等问题，直接让偶蹄动物饲用马铃薯、玉米，甚至可用玉米作青贮饲料，来提高少量抗原蛋白的生物学活性，可以起到更好的免疫保护作用。特别是选用马铃薯作为转化受体植物，是基于马铃薯诸多方面的特性，即马铃薯生长容易、生物量大；马铃薯的遗传转化体系比较完善、转化周期短；马铃薯可以无性繁殖，所以只要得到少量的转化体，就可以通过快繁得到大量的转基因植株；马铃薯块茎便于贮藏和运输；马铃薯有特异性的启动子，可以进行特异性的诱导表达，从而产生大量的可溶性蛋白；小鼠可以直接生食块茎，有利于动物免疫实验，尤其是马铃薯块茎可以直接作为饲料喂饲动物。一旦转马铃薯基因工程疫苗研制成功，可省却后期大量的提纯加工费，易于在发展中国家普遍推广，也为进一步利用转基因植物生产口蹄疫疫苗及新型基因工程药物提供了新的材料和途径[7～11]。

王冬梅[14]等以热带优良牧草柱花草为受体，建立了一套热带牧草柱花草高效率遗传转化的遗传转化体系，进行口蹄疫病毒 VP1 及多抗原表位基因的转化与表达，经检测和筛选获得转录水平表达目的基因的柱花草转基因株系 10 个。对 Northern Blot 检测阳性的转基因柱花草 T_1 代的大田苗进行筛查，获得 4 个表达目的蛋白的转基因株系，经间接 ELISA 测定，4 个转基因株系目的蛋白的表达量达 5%。因此，热带优良牧草柱花草是具有开发应用前景的反应器之一。

郭永来[22]等选用十余个东北地区大豆主栽品种的未成熟子叶为外植体，用高浓度的生长素诱导大豆体细胞胚胎的发生，继而分化成大豆植株，探讨了与胚性组织增殖、萌发和再生植株有关的相关因子，对体细胞胚再生体系进行了优化，成功地建立了一套大豆遗传转化系统；利用改进的冻融法和电激法将含有抗逆的相关基因 GM（编码 DREB 转录因子）的双元表达载体 pRdGM-200 质粒导入了农杆菌中，为利用农杆菌介导法转化大豆提供了载体系统。以大豆未成熟子叶和体细胞胚为受体材料，分别利用农杆菌介导法和基因枪轰击法将抗逆相关 GM 基因和编码口蹄疫病毒的结构蛋白全长基因 P1 导入大豆，获得了抗性植株，经 PCR、PCR-Southern Blot 等分子生物学方法检测，证明目的基因已整合到大豆中，同时对影响遗传转化的因子进行了研究。

另外，口蹄疫转基因植物疫苗研究与应用的初衷是让猪、牛、羊、骆驼、鹿等动物采食或饲喂一定量的转化和表达了口蹄疫抗原基因的可饲植物，达到预防接种的目的，因而，作为生产转基因可饲化疫苗或免疫原的植物，营养丰富、适口性好的豆科牧草或作物是首选的受体植物，特别是通过种子特异性表达可实现抗原蛋白的高表达量，且能够长期保存和容易分离纯化蛋白质，有利于后期的推广应用。

10.1.3　转基因方法的选择

在口蹄疫转基因疫苗研究中，目的基因转化到受体植物中的方法多采用农杆菌介导法[14～22]，也有学者采用基因枪法[10,23]。

农杆菌介导的转化属于一种纯生物学的方法，其精巧的转基因系统使其与其他理化方法（如基因枪法、电击法、聚乙二醇介导法、真空渗透法等）相比，具有以下优点：①该转化系统是模仿或利用天然的转化载体系统，成功率高，无论是用菌株接种植物的伤口，还是直接侵染离体的培养细胞，通常都可以获得较满意的转化率。② T-DNA 上含有引导转移和整合的序列，以及能被高等植物细胞转录系统识别的功能启动子和转录信号，使插入到T-DNA区的外源基因能够同T-DNA一起在植物细胞中表达。导入植物细胞的DNA片段确切，并且能导入大片段的DNA。③整合进植物基因组中的T-DNA及其插入其间的外源基因不仅能在植物细胞中表达，而且可以根据需要连接不同的启动子，使外源基因能在植物的特定组织器官中选择性表达。④导入基因拷贝数低，表达效果好。农杆菌介导的转化，外源基因向受体植物细胞中导入拷贝数大多只有1～3个，而其他转化方法往往有几十个拷贝，大量拷贝数会导致转基因的沉默。⑤采用农杆菌介导转化，仪器设备简单，成本很低。这种方法可以避免采用原生质体培养等难度高、周期长的弊端。⑥根癌农杆菌Ti质粒基因转化系统是目前理论最清楚、技术方法最成熟、成功实例最多、应用也最广泛的转化系统。

尽管农杆菌介导的转化方法有很多优点，但是也有一些影响农杆菌介导的基因转化因素。农杆菌是一个生物有机体，其功能受环境及其作用对象的影响比其他理化方法复杂得多，针对这种现状有必要进一步探讨影响其转化的因素。这些因素主要有农杆菌菌种、Vir区基因的诱导和功能、转化受体植物外植体的选择、转化体的培养和筛选方式等。

自然状况下，普通农杆菌仅能够感染双子叶植物、裸子植物和少数几种单子叶植物。其中，双子叶植物，尤其是一些模式植物，农杆菌介导的遗传转化现已成为一项常规技术。但是农杆菌介导的遗传转化在大多数非模式双子叶植物中的转化率并不高，进行有效应用尚有困难，因而探索提高其转化效率仍然有一定的意义。近年来，农杆菌在真菌、裸子植物和单子叶植物转化方面取得了可喜的进展，其中以单子叶植物，尤其是禾谷类作物的成功转化最为引人注目。

因此，口蹄疫转基因植物疫苗在转化方法、提高转化率和外源基因表达等方面仍有较广阔的探索空间。

10.1.4 口蹄疫转基因植物疫苗免疫效果

口蹄疫转基因植物疫苗的研究，国内外学者从不同血清型病毒的结构基因、抗原表位基因的选择、受体植物的多样性、转化方法和检测方法等各个环节进行了较为深入的研究，但是关于口蹄疫转基因植物疫苗的免疫效果的报道较少，大部分免疫效果研究仅限于针对实验动物，如小鼠、豚鼠、兔子等。

Carrillo[1]等采用农杆菌介导法将FMDV（O1C）VP1基因转入拟南芥，以每只小鼠500 μL冻干叶片提取物（叶片鲜重为25～50 mg）进行3次腹膜腔接种雄性Balb/C小鼠后，14只试验小鼠全部产生特异性抗体，用10^4 LD_{50}病毒攻击后保护率达100%，而对照组Balb/C小鼠100%发病。Wigdorovitz等[4]的研究小组将FMDV VP1结构蛋白基因转化苜蓿并获得转基因植株，用转基因苜蓿的叶片浸提物腹腔注射小鼠，或用新鲜叶片直接饲喂免疫，均可诱导产生特异性免疫应答，腹腔注射免疫的小鼠保护率达 77%～80%，饲喂免疫的小鼠保护率达 66%～75%。但是两项研究中均未能定量检测到表达的 VP1 蛋白含量，仅显示了接种小鼠的叶片提取物剂量。Wigdorovitzt 等[2] 用克隆有 FMDV VP1 基因的烟草花叶病毒（TMV）重组载体侵染（接种）烟草实现了瞬时表达。侵染后 4 天，就可通过 Western Blot 检测到重组 VP1 蛋白。用此重组 VP1 的叶片蛋白粗提物免疫小鼠，可诱导产生 FMD 特异性抗体。所有的免疫小鼠抵抗了同源 FMDV 强毒的攻击，而未免疫或用空载体转化植株免疫的小鼠全部感染发病。该实验中小鼠免疫接种量为 150 μL 烟草叶片提取物（叶片鲜重为 15～20 mg），估算每只小鼠每次的免疫剂量为含 0.5～1 μg 重组 VP1 蛋白，但估算的方法及依据均未在论文中显示。

王冬梅[14] 等以热带优良牧草柱花草为受体，建立遗传转化体系，进行口蹄疫病毒 VP1 及多抗原表位基因的转化与表达。该研究建立了一套热带牧草柱花草高效率遗传转化的转化体系，并获得 4 个表达目的蛋白的转基因株系。采用间接 ELISA 法测定 4 个表达蛋白的转基因株系，目的蛋白的表达量达 5%。将表达量最高的转基因株系在 45℃的烘箱中烘干，再碎成草粉，添加到昆明小白鼠的饲料中免疫小鼠；取每次免疫后 10 天血清，用间接 ELISA 法研究抗体的动态变化发现，小鼠体内的抗体水平在第二次免疫后急剧上升，与直接饲喂纯化蛋白的阳性对照组的趋势相似，小鼠血清的抗体效价达 1：64。

针对外源蛋白表达定量检测困难问题，Dus Santos 等[4] 和 Wigdorovitzt 等[5] 将编码 FMDV VP1 蛋白抗原表位氨基酸（135～160 位）的基因与 GUS 基因融合，通过检测转基因苜蓿中的 GUS 酶活性，计算了 4 株高表达的植株中 VP1 与 GUS 融合基因的表达量占可溶性总蛋白的 0.05%～0.1%。但也有学者认为融合表达的蛋白质易使抗原表位被遮蔽而影响免疫原性，这比低表达量更不尽如人意。

上述试验仅通过血清抗体水平对体液免疫方面做了初步的分析，而对细胞免疫方面未做探讨。尽管用口蹄疫转基因植物免疫实验动物后血清抗体水平不高，但都具有一定的攻毒保护能力。因此，除体液免疫外，可能是细胞免疫发挥了重要作用。Mason 等认为，尽管转基因植物表达的抗原蛋白量很低，甚至因检测方法灵敏度限制而检测不到，但其免疫原性和免疫效果较理想。

10.2 展　　望

10.2.1 获得高效稳定表达的转化植株

自从 Mason 等[24] 首次提出了通过植物反应器生产可食疫苗的观点以来，越来越多的研究小组在不同植物中表达了不同病原微生物的抗原基因，诸多研究结果证明了 Mason 的观点和思路正确可行[25～27]。口蹄疫转基因植物疫苗研究的结果显示了提高目的蛋白的表达量是亟待解决的问题，这也是农杆菌介导法将外源基因转入植物细胞核基因组进行稳态表达共同存在的问题。Carrillo 等[3]针对农杆菌介导法转化的外源基因在植物中表达量低的问题，构建了单个 CaMV 35S 和双 CaMV 35S 启动子的双元表达载体 pRok2 和 pRok3，分别用含 FMDV VP1 基因的 pRok2 和 pRok3 双元表达载体转化马铃薯。尽管用这两种载体转化的转基因马铃薯免疫 Balb/C 小白鼠后均产生了特异性抗体，而且用同源 FMDV 攻击所免疫的小白鼠均获得了保护，但并没有观察到用两种载体转化的马铃薯免疫小白鼠后的免疫活性有明显的差异。该研究也指出，采用双 35S 启动子表达载体并没有实现其他学者所报道的能够显著提高外源基因表达量的目的。Wigdorovitz 等[2]通过烟草花叶病毒（TMV）载体实现了 FMDV 抗原基因 VP1 在烟草中的瞬时高效表达，但这种转化途径并不能获得高效稳定表达的植株，更不能得到具有此遗传性状的子代。孙萌[23]通过基因枪法将 O 型 FMDV VP1 基因转入衣藻和烟草叶绿体，获得了很高的表达量（占可溶性总蛋白的 3%～4%）。但是随着衣藻和烟草细胞分裂时细胞器的随机分离，叶绿体中少量的转化基因组拷贝自然会被剔除掉，叶绿体转化的细胞系或植株要保持遗传上的稳定性，必须达到基因组的同质化。所以转化植株的子代同质化筛选和鉴定无疑是该转化方法存在的不足之处。另外，未检索到孙萌对所获得的转基因衣藻和烟草进行动物免疫试验，对所表达的抗原蛋白的免疫原性尚需进一步确实，但叶绿体转化法的确突破了表达量低的难题。如果叶绿体表达的抗原蛋白具有良好的免疫原性，优化并采用该方法进行 FMDV 可饲化疫苗的研究具有重要的意义。

通过对外源基因进行植物偏好密码子的修饰，采用植物特异性的网状组织滞留信号序列（specific reticulum retention signal sequence）来增加表达的外源蛋白积累[25,28]和使用烟草蚀刻病毒的 5′非翻译区序列来增强外源基因有效的翻译[29]都是今后研究中值得借鉴的思路和方法。但是 Biemelt 等[30]在对引发妇女宫颈癌的乳头瘤病毒（human papilloma virus，HPV）的衣壳蛋白 L1 基因转化烟草和马铃薯的研究中发现，用 L1 原序列基因和经植物偏好密码子修饰的 L1 基因转化烟草与马铃薯，两个基因在两种植物中均未获得表达。因此，在采用这些方法时需全面考虑，转化后的结果因外源基因、植物品种不同而各异。另外，采用真空渗透法，通过农杆菌的介导作用，可以在数天内实现外源基因在烟草叶片中的瞬时高效表达。借助此方法可以对所设计修饰的载体进行快速验证，但所选用的转化受体植物与进行瞬时表达的植物品种不同，结果可能会存在不同程度的差异。

10.2.2 提高外源基因转化率与检测灵敏度

农杆菌介导转化法决定了目的基因插入细胞染色体是随机的，各转化子中目的基因表达水平也各异，筛选出高表达量转基因植株是关键环节。尽管农杆菌介导转化法有很多优点，但转化植株表达量低、难以检测和定量仍是目前诸多该类研究普遍存在的问题，也是本试验的不足之处。转基因植株需经过抗生素抗性筛选，以及目的基因的基因水平检测（PCR、Southern Blot）、转录水平检测（RT-PCR、Northern Blot）和翻译水平检测（ELISA、Western Blot）等多项检测后，才能确定阳性植株。检测需花费很长时间，方法也因植物品种、目的基因功能及目的蛋白性质不同而各异，且植物外源蛋白的检测灵敏度差异也很大。目前常用的检测手段不够灵敏或并非是转基因植物外源蛋白的最佳检测方法，所以建立相关的检测手段和标准也是有待于解决的问题。Dus Santos 等 [5] 针对目的基因表达量低、难以检测等问题，将 FMDV 抗原表位（VP1 第 135～160 位氨基酸残基）与葡萄糖醛酸苷酶（glucuronidase，Gus A）基因融合表达，通过 Gus 基因表达的酶活性来筛选目的基因高表达植株。报告基因 Gus 在植物中易表达，检测方法简单快捷，而且很多植物中不存在该基因背景，通过检测该酶的活性来筛选转化子，可以减少繁琐而复杂的检测和大量的组织培养工作。但也有学者认为融合表达的蛋白质易使抗原表位被遮蔽而影响免疫原性，这比低表达量更不尽如人意。

生物传感器对于抗原或抗体的检测更为灵敏和方便，主要是因为检测用的样品量少，而且样品不需要分离纯化而可以直接进行检测。虽然生物传感器已有 40 多年的研究应用历史，但目前很少有关于使用生物传感器进行转基因植物外源蛋白检测方面的报道。所以尝试和采用该方法可能会节约检测所花费的时间，从而加快研究进程。

10.2.3　提高转基因植物疫苗的免疫效果

转基因植物可饲化疫苗的初衷是通过口服途径来刺激消化道黏膜产生黏膜免疫反应。因此，除了实现高表达量外，获得“黏膜免疫疫苗”是关键。霍乱毒素 B 亚基（CT-B）的五聚体结构能够与肠道上皮细胞膜 GM1 受体结合，使机体产生强大的黏膜免疫反应，CT-B 可作为优良的黏膜免疫佐剂与其他抗原蛋白联合使用。Deniell 等 [31] 在烟草叶绿体中获得了 CT-B 的高水平表达（占可溶性总蛋白的 4.1%），证明其可正确折叠并组装成有生物活性的五聚体结构。所以在后期的 FMD 转基因可饲化疫苗的研究中，考虑将 CT-B 基因与抗原表位基因联合用于植物转化和表达，以实现更好的黏膜免疫效果。

另外，作为抗原，除了具有一定分子结构、含有抗原表位等外，抗原分子质量也是重要因素。口蹄疫病毒 VP1 蛋白的分子质量约 23.5 kDa，包含有 O 型口蹄疫病毒 5 个抗原表位中的 3 个表位，因而不少学者选用 P1 全长基因，含有 FMDV 所有 5 个抗原表位，转化表达的抗原表位蛋白的抗原性更理想。但是外源基因的核苷酸组成（如 G+C 含量）和核酸的性质对转化植物及其在植物中的转录、翻译都有不同程度的影响。外源基因插入植物基因组，打乱和破坏了植物基因组的正常组合。因此，在转化之前对外源基因进行植物偏好密码子的修饰是有必要的。

迄今为止，已有多种病毒、细菌、真菌等的外源基因在多种植物中获得表达，而且已有成功的商品化成果，这些研究经验和成果为 FMD 转基因植物可饲化疫苗的研究提供了大量有用的技术方法和思路，使通过饲喂转基因牧草实现免疫接种成为可能。但是外源基因、转化受体品种等的不同，以及外源基因的插入、转录和有效翻译都具有不可控性，这将会出现很多事与愿违的现象，尤其是基因沉默现象的存在已成为众多遗传转化技术走向实际应用的巨大障碍。基因沉默现象可以通过选择植物偏好密码子、筛选单拷贝转基因个体、使用去甲基化试剂、采用新的转化方法、合理修饰转化载体等途径改善。在口蹄疫数种新型疫苗的研究中，转基因植物疫苗研究起步较晚，其中有很多问题尚待探索。国内外诸多学者在口蹄疫转基因植物疫苗的研究方面投入了较大的人力、物力，前期也取得了很多喜人的阶段性成果，但是诸多研究的实施者多是在校研究生，系统报道多是博士、硕士论文，随着研究生学业完成，该方面的研究也可能中断，且这些研究报道集中在 20 世纪末到 21 世纪初，研究成果也多是实验室阶段，并未实现口蹄疫转基因植物疫苗的种植规模化和牲畜的养殖应用。因此，该领域的研究和开发应用仍然任重道远。

参 考 文 献

[1] Carrillo C, Wigdorovitz A, Oliveros JC, et al. Protective immune response to foot and mouth disease virus with VP1 expressed in transgenic plants [J]. Virol, 1998: 1688-1690.

[2] Wigdorovitz A, Filgueira DMP, Robertson N, et al. Protective of mice against challenge with foot-and-mouth disease virus（FMDV）by immunization with foliar extracts from plants infected with recombinant tobacco mosaic virus expressing the FMDV structural protein VP1 [J]. Virol, 1999, 264: 85-91.

[3] Carrillo C, Wigdorovitz A, Trono K, et al. Induction of a virus-specific antibody response to foot-and-mouth disease virus using the structural protein VP1 expressed in transgenic potato plants [J]. Viral Immunol, 2001, 14: 49-57.

[4] Wigdorovitz A, Carrillo C, Maria J, et al. Induction of a protective antibody response to foot-and-mouth disease virus in mice following oral or parenteral immunization with alfalfa transgenic plants expressing the viral structural protein VP1 [J]. Virol, 1999, 255: 347-353.

[5] Dus Santos MJ, Wigdorovitz A, Trono K, et al. A novel methodology to develop a foot-and-mouth disease virus（FMDV）peptide-base vaccine in transgenic plants [J]. Vaccine, 2002, 20:1141-1147.

[6] Dus Santos MJ, Carrillo C, Ardila F, et al. Development of transgenic alfalfa plants containing the foot and mouth disease virus structural polyprotein gene P1 and its utilization as an

experimental immunogen [J]. Vaccine, 2005, 23（15）: 1838-1843.

[7] 李昌，金宁一，王罡，等．植物基因工程疫苗高效表达载体的构建 [J]. 吉林农业大学学报，2003, 25（3）: 253-256.

[8] 李昌，王罡，金宁一．FMDV 和 HIV 主要抗原基因表达载体的构建及转化马铃薯的研究 [D]. 长春：解放军军需大学硕士学位论文，2003.

[9] 李昌，金宁一，王罡，等．口蹄疫病毒 P1 全长基因表达载体的构建及对马铃薯的转化 [J]. 吉林农业大学学报，2004, 26（5）: 507-510.

[10] 李昌，金宁一，王罡，等．基因枪法转化马铃薯及转基因植株的获得 [J]. 作物杂志，2003,（1）: 12-14.

[11] 胡海英．转基因马铃薯表达口蹄疫病毒表面抗原融合蛋白 CTB-VP1 分离、纯化与检测 [D]. 北京：北京林业大学硕士学位论文，2007: 06.

[12] 余云舟，王罡，金宁一，等．口蹄疫病毒结构蛋白 P1 基因转化玉米的初步研究 [J]. 玉米科学，2004, 12（3）: 22-25.

[13] 余云舟，金宁一，王罡，等．用基因枪将 P1 结构蛋白基因转入玉米及其转基因植株再生研究 [J]. 沈阳农业大学学报，2003,34（6）: 423-425.

[14] 王冬梅．口蹄疫病毒 VP1 及多抗原表位基因在植物中表达的研究．[D]. 儋州：华南热带农业大学博士论文，2007.

[15] 王宝琴，张永光，王小龙，等．FMDV vp1 基因在烟草中的表达及转基因烟草对小鼠免疫效果的研究 [J]. 中国病毒学，2005, 20（2）:140-144.

[16] 王宝琴，张永光，王小龙，等．FMDV vp1 基因在百脉根中的转化和表达 [J]. 中国病毒学，2005, 20（5）: 526-529.

[17] PanL, ZhangYG, Y WangYL, et al. Foliar extracts from transgenic tomato plants expressing the structural polyprotein, P1-2A, and protease, 3C, from foot-and-mouth disease virus elicit a protective response in guinea pigs[J]. Veterinary Immunology and Immunopathology, 2008,（121）:83-90.

[18] PanL, ZhangYG, WangYL, et al. Expression and detection of the FMDV VP1 transgene and expressed structural protein in *Arabidopsis thaliana*[J]. Turk J Vet Anim Sci,2011, 35（1）:1-8.

[19] 王文秀，顾节清，陈德坤，等．转亚洲 I 型口蹄疫病毒 VP1 基因烟草研究 [J]. 西北农林科技大学学报，2007, 35（1）: 33-36.

[20] 王炜，张永光，潘丽，等．口蹄疫病毒 P12A-3C 免疫原基因在百脉根中的遗传转化与表达 [J]. 中国人兽共患病学报，2007, 23（3）: 236-239, 247.

[21] 潘丽，张永光，王永录，等．口蹄疫病毒 O/China/99 株多基因植物组成型表达载体的构建及序列分析 [J]. 中国人兽共患病杂志，2005, 21（10）: 841-844, 905.

[22] 郭永来．抗逆相关基因 *GM* 和口蹄疫结构蛋白全长 *P1* 基因转化大豆的研究 [D]. 长春：吉林大学硕士学位论文，2005.

[23] 孙萌．口蹄疫病毒 VP1 抗原基因在模式植物叶绿体中的重组和表达 [D]. 杭州：浙江大学

博士论文 ,2003.

[24] Mason HS, Lam DMK, Armtzen CJ. Expression of hepatitis B surface antigen in transgenic plants[J]. Pro Nat Acad Sci USA, 1992, 89: 11745-11749.

[25] Haq TA, Maason HS, Clements JD, et al. Oral immunization with recombinant bacterial antigen produced in transgenic plants [J]. Science, 1995, 268: 714-716.

[26] McGravey PB, Hammond J, Dienelt M, et al. Expression of rabies virus glycoprotein in transgenic tomatoes [J]. Biotechnonlogy, 1995, 13: 1484-1487.

[27] Arakawa T, Chong DK, Langridge WHR. Efficacy of a food plant- based oral cholera toxin B subunit vaccine [J]. Nature Biotech, 1998, 16: 292-297.

[28] Haq TA, Mason HS, Clements JD, et al. Oral immunization with recombinant bacterial antigen produced in transgenic plants [J]. Science, 1995, 268: 714-716.

[29] Mason HS, Ball JM, Shi JJ, et al. Expression of Norwalk virus capsid protein in transgenic tobacco and potato and its oral immunogenicity in mice [J]. Proc Natl Acad Sci USA, 1996, 93: 5335-5340.

[30] Biemelt S, Sonnewald U, Galmbacher P, et al. Production of human papillomavirus type 16 virus-like particles in transgenic plants [J]. Virol, 2003 ,Sep77（17）:9211-9220.

[31] Deniell H, Stiphen J. Medical molecular farming: production of antibodies, biopharmaceuticals and edible vaccine in plants [J]. Trends in Plant Science, 2001, 6: 219-226.

符号或缩略语说明

符号或缩略语	英文	中文
ABC	abscisic acid	脱落酸
Amp	ampicillin	氨苄西林（氨苄青霉素）
BA	6-benzyladenine	6-苄基腺嘌呤
BSA	bovine serum albumin	牛血清白蛋白
bp	base pair	碱基对
CaMV 35S	cauliflower mosaic virus 35S promoter	花椰菜花叶病毒 35S 启动子
Carb	carbenicillin	羧苄青霉素
cDNA	complementary deoxyribonucleic acid	互补 DNA
Cef	cefotaxime	头孢霉素
CPE	cytopathic effect	细胞病变
CTAB	cetyltrimethylammonium bromide	十六烷基三乙基溴化铵
dNTP	deoxynucleotide triphosphate	脱氧核苷三磷酸
DEPC	diethylpyrocarbonate	焦碳酸二乙酯
DMSO	dimethylsulfoxide	二甲基亚砜
EB	ethidium bromide	溴化乙锭
EDTA	ethylenediamine tetra acetate	乙二胺四乙酸
ELISA	enzyme-linked immunosorbent assay	酶联免疫吸附测定
EP	Eppendorf	微量离心管
FMD	foot-and-mouth disease	口蹄疫
FMDV	foot-and-mouth disease virus	口蹄疫病毒
IgG	immune globulin G	免疫球蛋白
IPTG	isopropylthio-β-D-galactoside	异丙基硫代-β-D-半乳糖苷
Kan	kanamycin	卡那霉素
kb	kilobase	千碱基
kDa	kilodalton	千道尔顿

LBE	liquid phase block ELISA	液相阻断酶联免疫吸附试验
LN	liquid nitrogen	液氮
lx	lux	勒克斯
Mol	mole	摩尔
MS	Murashige & Skoog medium	MS 培养基
MW	molecular weight	分子质量
m/*V*	weight/volume（concentration）	质量/容积（浓度）
npt-Ⅱ	neomycin phosphotransferase Ⅱ	新霉素磷酸转移酶
OD	optical density	光密度
ORF	open reading frame	开放阅读框
PAGE	polyacrylamide gel electrophoresis	聚丙烯酰胺凝胶电泳
PBS	phosphate-buffered saline	磷酸盐缓冲溶液
PCR	polymerase chain reaction	聚合酶链反应
PEG	polyethylene glycol	聚乙二醇
RGD	arginine-glycine-aspartic acid	精氨酸-甘氨酸-天冬氨酸
RIA	radioimmunoassay	放射免疫分析
Rif	rifampicin	利福平
r/min	rotation per minute	每分钟转数
RT-PCR	reverse transcriptase-polymerase chain reaction	反转录聚合酶链反应
SDS	sodium dodecyl sulfate	十二烷基硫酸钠
SGD	serine-glycine-aspartic acid	丝氨酸-甘氨酸-天冬氨酸
Str	streptomycin	链霉素
TAE	Tris/acetate buffer	Tris/ 乙酸电泳缓冲液
Taq	*Thermus aquaticus* DNA（polymerase）	栖热水生菌 DNA 聚合酶
TEMED	*N*,*N*,*N'*,*N'*-tetramethylethylenediamine	*N*,*N*,*N'*,*N'*-四甲基二乙胺
Tris	Tris（hydroxymethyl）aminomethane	三（羟甲基）氨甲烷
V/*V*	volume/volume（concentration）	容积/容积（浓度）
X-gal	5-bromo-4-chloro-3-indolyl-β-D-galactoside	5- 溴-4 氯-3-吲哚- β -硫代半乳糖苷

附　　录

1. Akesu/58 FMDV 与 GenBank 公布的 Akesu/58 FMDV P1 基因的核苷酸序列

GGAGCCGGGCAATCCAGCCCGGCGACTGGCTCGCAGAACCAGTCTGGTAACACTGGTAGC Majority

1 .............................A..............A..C........A... Akesu-58-P1

1 .......................A..C.....A........A.................. Akesu-58-P1 (GenBank)

ATCATTAACAACTATTACATGCAGCAGTACCAGAATTCCATGGACACGCAGCTTGGTGAC Majority

71 .....C........C................................A..A......... Akesu-58-P1

71 .......................A...........C........................ Akesu-58-P1 (GenBank)

AACGCTATTAGCGGTGGTTCCAACGAGGGGTCCACGGACACAACTTCCACCCACACAACC Majority

131 ........A.....A..A........A................................. Akesu-58-P1

131 .....C.......................C.....A..............A......... Akesu-58-P1 (GenBank)

AACACTCAGAACAATGACTGGTTTTCAAAGCTTGCCAGTTCTGCTTTTAGCGGTCTTTTC Majority

191 ................................A........C.................. Akesu-58-P1

191 .....C........C... Akesu-58-P1 (GenBank)

GGTGCCCTTCTCGCCGATAAGAAGACTGAGGAGACCACTCTCCTCGAAGACCGCATCCTC Majority

251 ..C.....C........C.. Akesu-58-P1

251 ...........................A....A.....C..................... Akesu-58-P1 (GenBank)

ACCACCCGCAACGGGCACACTACTTCGACGACCCAGTCGAGTGTCGGGGTTACGTATGGG Majority

311 .......................C.....A.................A.....C...... Akesu-58-P1

311 ..............A.....G.............................A.....C... Akesu-58-P1 (GenBank)

TATGCAACAGCTGAGGACTTTGTGAGCGGACCCAACACCTCTGGTCTTGAGACCAGGGTT Majority

371 ..C.............................A...............C........... Akesu-58-P1

371 ....C Akesu-58-P1

```
(GenBank)
GTTCAGGCAGAACGGTTTTTCAAAACGCACTTGTTCGACTGGGTCACCAGTGACCCGTTT Majority
431 ..............C...............C..................C.......... Akesu-58-P1
431 ..C..............C........C.............................A... Akesu-58-P1
(GenBank)
GGACGCTGTCACTTGCTGGAGCTTCCAACTGACCACAAAGGTGTCTACGGCAGCCTGACC Majority
491 ........C................................C.................. Akesu-58-P1
491 .....A......C.A.....A..C.................................... Akesu-58-P1
(GenBank)
GATTCGTATGCATATATGAGGAACGGTTGGGATGTTGAAGTCACTGCAGTGGGGAATCAG Majority
551 ...................................C........................ Akesu-58-P1
551 ..C.............................C...........C.....A..A...... Akesu-58-P1
(GenBank)
TTTAATGGAGGTTGTTTGTTGGTGGCTATGGTGCCAGAGCTTTGTTCCGTTCAGGAGAGG Majority
611 ...........A...C..C.......C.....................A.C......... Akesu-58-P1
611 ..C..C.............................................A.CA....A Akesu-58-P1
(GenBank)
GAGCTGTACCAGCTTACGCTTTTCCCTCACCAGTTCATCAACCCTCGGACGAACATGACA Majority
671 .................A.......................................... Akesu-58-P1
671 ..............C.....C.......................A............... Akesu-58-P1
(GenBank)
GCACACATCACGGTGCCCTTTGTTGGCGTCAATCGGTACGACCAGTACAAGGTACACAAA Majority
731 ...................................C........A............... Akesu-58-P1
731 ...........C....................CA.......................... Akesu-58-P1
(GenBank)
CCTTGGACCCTTGTGGTTATGGTTGTAGCTCCTTTGACTGTCAATAATGAAGGTGCCCCG Majority
791 .................C.............................C............ Akesu-58-P1
791 ..C........C.................C..CC...G.....C...............A Akesu-58-P1
(GenBank)
CAGATCAAGGTGTATGCCAACATCGCCCCTACCAACGTGCACGTTGCGGGTGAGTTTCCT Majority
851 ..............C............................................. Akesu-58-P1
851 ..A..........................C........C.................C... Akesu-58-P1
```

```
(GenBank)
TCTAAGGAGGGGGTTTTTCCTGTGGCTTGTAGTGATGGTTACGGTGGTTTGGTGACCACG Majority
911 ...........AA.C.....C...........C...........C..............A Akesu-58-P1
911 ..C..............C...........C.A...C............C........... Akesu-58-P1
(GenBank)
GACCCGAAGACGGCTGACCCCGTCTATGGGAAAGTGTTCAATCCCCCTCGCAACCTGTTG Majority
971 ......................C...C..............C............A..... Akesu-58-P1
971 .....A.........................................C............ Akesu-58-P1
(GenBank)
CCAGGGCGGTTTACCAACTTCCTTGATGTGGCTGAGGCGTGCCCTACGTTTCTGCACTTC Majority
1031 ...........C................................C............... Akesu-58-P1
1031 ........A.....A...C..................................A...... Akesu-58-P1
(GenBank)
GAGGGTGGCGTGCCATACGTGACCACGAAGACGGATTCGGACAGGGTGCTTGCTCAGTTT Majority
1091 ............................................................ Akesu-58-P1
1091 ..A....A...A.......................C..............G........C Akesu-58-P1
(GenBank)
GATTTGTCTTTGGCAGCAAAGCACATGTCGAACACCTTCCTTGCAGGTCTTGCCCAGTAC Majority
1151 ..C...............................................C......... Akesu-58-P1
1151 ............................................................ Akesu-58-P1
(GenBank)
TACGCACAGTACAGTGGTACCATCAACCTGCATTTCATGTTCACAGGTCCCACTGACGCG Majority
1211 ...A..........C..C...................................A...... Akesu-58-P1
1211 ................................C..............G............ Akesu-58-P1
(GenBank)
AAGGCGCGTTATATGATTGCATATGCCCCTCCGGGCATGGAGCCGCCTAAAACGCCTGAG Majority
1271 ...........C.................C..C........................... Akesu-58-P1
1271 ...............................................G.....A.....A Akesu-58-P1
(GenBank)
GCGGCTGCCCACTGCATTCATGCTGAGTGGGACACAGGGTTGAACTCAAAGTTCACATTT Majority
1331 .................C........A................................. Akesu-58-P1
1331 ........A................................................... Akesu-58-P1
```

```
(GenBank)
     TCAATCCCTTACCTTTCGGCTGCTGACTACGCGTATACCGCGTCTGGCACTGCTGAGACC Majority
1391 ..............C.....G.......................CA.............. Akesu-58-P1
1391 C.......C..........................C..........A......A...... Akesu-58-P1
(GenBank)
     ACAAATGTGCAGGGATGGGTCTGTTTGTTTCAGATAACACACGGGAAAGCTGACGGTGAC Majority
1451 ........A..............C........A....................A...... Akesu-58-P1
1451 .....C..................C.........................C.....C... Akesu-58-P1
(GenBank)
     GCTTTGGTTGTGCTGGCTAGTGCTGGCAAGGACTTTGAGCTACGCTTACCGGTTGACGCC Majority
1511 ....................C........................C....A..G...... Akesu-58-P1
1511 ...C..........A..C.......................................... Akesu-58-P1
(GenBank)
     CGTACCCAGACCACCTCCCCGGGTGAGTCTGCTGTCCCCGTGACCGCTACTGTTGAGAAC Majority
1571 .....A..A........A...........A....A...............C.....A... Akesu-58-P1
1571 ..C....................C........A........A.....C............ Akesu-58-P1
(GenBank)
     TACGGTGGTGAGACACAGGTCCAGAGGCGCCATCACACGGACGTCTCATTTATTTTGGAC Majority
1631 ........C.......................A.................C.C....... Akesu-58-P1
1631 .....C.................A..A...........A..............A...... Akesu-58-P1
(GenBank)
     AGATTTGTGAAAGTGACACCAAAAGACCAAATTAATGTGTTGGACCTGATGCAGATCCCT Majority
1691 .......................................................C.... Akesu-58-P1
1691 .......C......C......................................A...... Akesu-58-P1
(GenBank)
     GCTCACACTTTGGTGGGGGCGCTCCTTCGCGCGGCTACTTACTACTTCTCTGATTTGGAG Majority
1751 .........C.......A..A.........A.C...............G.......A..A Akesu-58-P1
1751 ..............A..............A.......................C...... Akesu-58-P1
(GenBank)
     TTGGCTGTGAAACATGAAGGCGACCTCGCCTGGGTCCCGAACGGGGCGCCTGAGGCGGCG Majority
1811 G....A..............AA.......A.......................AA..... Akesu-58-P1
1811 ...........................A...................C.......AA..A Akesu-58-P1
```

(GenBank)

TTGGACAACACCACCAATCCAACAGCCTACCACAAGGCACCGCTTACTCGGCTTGCTTTG Majority

1871 .................C........A.............A.....C............. Akesu-58-P1

1871 C..A...............................A..............A..G..CC.. Akesu-58-P1

(GenBank)

CCTTACACGGCCCCGCACCGTGTGTTGGCGACTGTTTACAACGGAAGCTGCAGGTATGGC Majority

1931 ..A........A..A.............A................A.....A........ Akesu-58-P1

1931 ....................C...........C..G....................CA.. Akesu-58-P1

(GenBank)

GTTGGTCCGGTGAGCAACGTGAGTGGTGATCTTCAAGTGTTGGCTCAGAAGGCGGCGCGA Majority

1991 .....C.......C......A..A.....C.............................. Akesu-58-P1

1991 AACA..AAC.......................C........................A.. Akesu-58-P1

(GenBank)

TCGCTGCCTACCTCCTTCAATTATGGTGCCATTAAGGCAACTCGGGTGACTGAGCTGCTT Majority

2051 .......................C........C..A.................A...... Akesu-58-P1

2051 G...................C...................C..................C Akesu-58-P1

(GenBank)

TACCGCATGAAGAGGGCTGAGACATACTGTCCTCGGCCTCTTTTTGCCATCCACCCGAGT Majority

2111 ...........A........A........C..............G............... Akesu-58-P1

2111 .................C................A...C..CC................. Akesu-58-P1

(GenBank)

GAGGCTAGACACAAGCAGAAGATTGTGGCACCTGCAAAACAGCTTTTG Majority

2171 .....C........A..A...............A.............. Akesu-58-P1

2171 ....C............... Akesu-58-P1

(GenBank)

2. Akesu/58 FMDV 与 GenBank 公布的 Akesu/58 FMDV P1 蛋白的氨基酸酸序列

```
    GAGQSSPATGSQNQSGNTGSIINNYYMQQYQNSMDTQLGDNAISGGSNEGSTDTTSTHTT Majority

1   ............................................................ Akesu-58-P1
1   ............................................................ Akesu-58-P1 (GenBank)

    NTQNNDWFSKLASSAFSGLFGALLADKKTEETTLLEDRILTTRNGHTTSTTQSSVGVTYG Majority

71  ............................................................ Akesu-58-P1
71  ............................................................ Akesu-58-P1 (GenBank) 1

    YATAEDFVSGPNTSGLETRVVQAERFFKTHLFDWVTSDPFGRCHLLELPTDHKGVYGSLT Majority

131 ....................................T....................... Akesu-58-P1
131 ............................................................ Akesu-58-P1 (GenBank)

    DSYAYMRNGWDVEVTAVGNQFNGGCLLVAMVPELCSVNERELYQLTLFPHQFINPRTNMT Majority

191 ....................................IQ...................... Akesu-58-P1
191 ......................................K..................... Akesu-58-P1 (GenBank)

    AHITVPFVGVNRYDQYKVHKPWTLVVMVVAPLTVNNEGAPQIKVYANIAPTNVHVAGEFP Majority

251 ............................................................ Akesu-58-P1
251 ............................................................ Akesu-58-P1 (GenBank)

    SKEGVFPVACSDGYGGLVTTDPKTADPAYGKVFNPPRNLLPGRFTNLLDVAECPTFLHF Majority

311 ....I.................................M.......F............. Akesu-58-P1
311 ..........N................V................................ Akesu-58-P1 (GenBank)

    EGGVPYVTTKTDSDRVLAQFDLSLAAKHMSNTFLAGLAQYYAQYSGTINLHFMFTGPTDA Majority

371 .........................................T.................. Akesu-58-P1
371 ..D......................................................... Akesu-58-P1 (GenBank)

    KARYMIAYAPPGMEPPKTPEAAAHCIHAEWDTGLNSKFTFSIPYLSAADYAYTASSTAET Majority

431 ............................................................ Akesu-58-P1
431 ........................................P..............D.... Akesu-58-P1
```

```
(GenBank)
    TNVQGWVCLFQITHGKADGDALVVLASAGKDFELRLPVDARTQTTSPGESAVPVTATVEN Majority
491 .................E................................D......... Akesu-58-P1
491 ............................................................ Akesu-58-P1
(GenBank)
    YGGETQVQRRQHTDVSFILDRFAKVTPKDQINVLDLMQIPAHTLVGALLRAATYYFADLE Majority
551 .................T....V...............T...........T......... Akesu-58-P1
551 ..........H.............................................S... Akesu-58-P1
(GenBank)
    VAVKHEGDLAWVPNGAPETALDNTTNPTAYHKAPLTRLALPYTAPHRVLATVYNGSCKYG Majority
611 .......N..............................................N.... Akesu-58-P1
611 L........T........E..N...................................R.S Akesu-58-P1
(GenBank)
    VGNVSNVSGDLQVLAQKAARALPTSFNYGAIKATRVTELLYRMKRAETYCPRPLLAIHPS Majority
671 ..P.T..R............S....................................... Akesu-58-P1
671 NS.......................................................... Akesu-58-P1
(GenBank)
    EARHKQKIVAPAKQLL Majority
731 ...........E.... Akesu-58-P1
731 ................ Akesu-58-P1 (GenBank)
```

3. Akesu/58 FMDV 与 4 株 FMDV 的 VP1 基因核苷酸序列

```
    ACCACCTCTGCGGGTGAGTCTGCTGACCCCGTGACCGCCACCGTTGAGAACTACGGTGGT Majority

1   ........AC..........A.................T........A...........C Akesu-58-vp1
1   .......................G...........T........C............... Taiwan97-vp1
1   ........CA.A........G..............T.....T.................. OHK99-vp1
1   .....T........C.....A..G..T..T..C...A..........A...........C O1K-vp1
1   ........CC....C........A.T......A........T..............C... Akesu/58-vp1(GenBank)
    GAGACACAGGTCCAGAGGCGCCAACACACGGACGTCTCGTTCATATTGGACAGATTTGTG Majority

71  .......................................A...CT............... Akesu-58-vp1
71  ........A..............G.........AGTG................G..C... Taiwan97-vp1
71  .................A..............T..............A............ OHK99-vp1
71  ..A......A..................................CA.............. O1K-vp1
71  ...............A..A.....T.....A........A..T...............C. Akesu/58-vp1(GenBank)
    AAAGTGACACCAAAAGACCAAATTAATGTGTTGGACCTGATGCAGATCCCTGCTCACACT Majority

131 ..............................................C............. Akesu-58-vp1
131 .....C.AG.....G..A...G...............................C.....C Taiwan97-vp1
131 .....A......................................A.C......A...... OHK99-vp1
131 ..G........GC..A..........CA.T........C........T..AT.A...... O1K-vp1
131 .....C......................................A............... Akesu/58-vp1(GenBank)
    TTGGTAGGGGCGCTCCTTCGCACGGCCACTTACTACTTCTCTGACTTGGAGGTGGCAGTG Majority

191 C....G..A..A...........C..T............G....T..A..A......... Akesu-58-vp1
191 .................G..A........C...............C.....C....C..C Taiwan97-vp1
191 ........C........C..T..T.....C.........G.A..TC.A..A......... OHK99-vp1
191 .....G..A..A.....A...G..T..........................A.A.....A O1K-vp1
191 ....................AG....T........................T....T... Akesu/58-vp1(GenBank)
    AAACACGAGGGCGACCTCACCTGGGTCCCGAACGGGGCGCCTGAGACAGCGTTGGACAAC Majority

251 .....T..A..AA.....G.A.......................A..G............ Akesu-58-vp1
251 ..G...........T..............A.....C..C...........AC........ Taiwan97-vp1
251 ...........GA....T...............T........C................. OHK99-vp1
251 ...........A..............T..A..T..A.....C..A.AG............ O1K-vp1
251 .....T..A.............................C......GA...AC..A..... Akesu/58-vp1(GenBank)
    ACCACCAACCCAACAGCTTACCACAAGGCACCGCTCACCCGGCTTGCCCTGCCTTACACG Majority

311 .................A..............A..T...........TT....A...... Akesu-58-vp1
311 ..T.........................A...C.....A.....G..G............ Taiwan97-vp1
311 ........T.....G.................................A........... OHK99-vp1
311 ..............T.................A....................C.....T O1K-vp1
```

```
311 . . . . . . . . T . . . . . . . . C . . . . . . . . A . . . . . . . . T . . T . . A . . G . . . . . . . . . . . . . . .  Akesu/58-vp1(GenBank)
    G C A C C A C A C C G T G T G T T G G C G A C C G T T T A C A A C G G G A A C T G C A A G T A C G G C G A C A G C C C C  Majority

371 . . . . . . . . . . . . . . . . . . . . A . . T . . . . . . . . . . . A . . . . . . . . . . . T . . . . T T G . . . . G  Akesu-58-vp1
371 . . T . . . . . . . . . . C . . A . . . . . . . . C . . . . . . . . . . G . A . T . . . . . . . . T . . . . C . A G .  Taiwan97-vp1
371 . . . . . . . . . . . . . . C . . . . . T . . T . . . . . . . . . . . . . . . . . . . . . . . . T . . . . . G . . . . . .  CHK99-vp1
371 . . G . . C . . . . . C . . . . . . . . . A . . . . . G . . . . . . . . T G . G . . . . G . . . . A A . A G A . A T G . T  O1K-vp1
371 . . C . . G . . . . . C . . . . . . . . . . . . . G . . . . . . . . A . G . . . . G . . . . A . . A . . . T A A .  Akesu/58-vp1(GenBank)
    G T G A C C A A C G T G A G A G G T G A C C T T C A A G T G T T G G C T C A G A A G G C G G C A A G A A C G C T G C C T  Majority

431 . . . . . . . . . . . A . . . . . . . . . . . . . . . . . . . . . . . . . . . . . . . . . . . . G C . . T . . . . . . . . .  Akesu-58-vp1
431 A C T . A . . . . . . . . . . . . . . . . . . . . . . . . . . . . A . . . . . . . . . . . A . A . . . . . T . . . . . .  Taiwan97-vp1
431 . . . . . . . . T . . . . . . . . . . . . . . . . G . . . . . . . . . . . . C . . . . . . . . . . . . . . . . . . . . . . . .  CHK99-vp1
431 . . . C . . . . . T . . . . . . . . . . . . . . . . . . G . . . . . . . . . . . A . . . . T . . . . C . G . . . . . . . . .  O1K-vp1
431 . . . . G . . . . . . . . . T . . . . T . . C . . . . . . . . . . . . . . . . . . . . . . G . . . G . . . . . . . .  Akesu/58-vp1(GenBank)
    A C C T C C T T C A A C T A C G G T G C C A T C A A A G C A A C T C G G G T G A C T G A A C T G C T T T A C C G C A T G  Majority

491 . . . . . . . . . . . T . . . . . . . . . . . . . . . . . . . . . . . . . . . . . . . . . . . . . . . . . . . . . . . . . .  Akesu-58-vp1
491 . . . . . . . . . . . . . T . . . . . . . . . . . . G . . . . . . . . T . . T . . . . . . . . A . . C . . . A . A . . .  Taiwan97-vp1
491 . . . . . . . . . . . T . . . . . . . . . . . . . . . . . . C . . . . . . . . . . . . . . . . . . . . . . . . . . . . . . . .  CHK99-vp1
491 . . . . . . . . . . . . . . . . . . . . . . . . . . . . . G . . C . . . . . C . . C . . G T . . . . . . . . . . . G . . .  O1K-vp1
491 . . . . . . . . . . . . . . T . . . . . . . . T . . G . . . . C . . . . . . . . . . . G . . . . . C . . . . . . . . .  Akesu/58-vp1(GenBank)
    A A G A G G G C C G A A A C A T A C T G T C C T A G G C C C C T T C T G G C C A T C C A C C C G A G T G A G G C T A G A  Majority

551 . . A . . . . T . . . . . . . . . . . . . C . . . C . . . T . . . T . . . . . . . . . . . . . . . . . . . . . . . C . . .  Akesu-58-vp1
551 . . . . . A . . . . G . . . . . . . . . . . . . . C . . . . . . . . . . . . C . . . . . T . . A . . . . . . . . C . . . . . .  Taiwan97-vp1
551 . . . . . . . . . . . . . . . . . . . . . . C . . C C . . . . T . . . T . . . . T . . T . . . . . . . . . C . . A . . . . . .  CHK99-vp1
551 . . . . . . . . . . . . . . . . . . . . . . . . . A . . . . . . T . G . . . . . A . . . . . . . . . A . C . . . A . . C . . .  O1K-vp1
551 . . . . . . . . . . . G . . . . . . . . . . . . . . . . . . C . . T . . . . . . . . . . . . . . . . . . . . . . . . .  Akesu/58-vp1(GenBank)
    C A C A A A C A G A A G A T T G T G G C A C C T G T A A A A C A G C T T T T G  Majority

611 . . . . . . . . A . . . . . . . . . . . . . . . . . A . . . . . . . . . . . . . .  Akesu-58-vp1
611 . . . . . G . . . . G . . . . . . . . . . . . . . C . C . . . . . . . . . . . . . . C . .  Taiwan97-vp1
611 . . . . . . . . A . . . . . . . . . . . . . G . . . . . G . . . . . . . . . . . . . .  CHK99-vp1
611 . . . . . . . . . . . A . . . . . . . . . . . . . G . . G . . . . . . A C . . . .  O1K-vp1
611 . . . . . G . . . . . . . . . . . . . . . . . . . C . C . . . . . . . . . . . . . .  Akesu/58-vp1(GenBank)
```

4. Akesu/58 FMDV 与 4 株 FMDV 的 VP1 蛋白的氨基酸酸序列

```
    TTSAGESADPVTATVENYGGETQVQRRQHTDVSFILDRFVKVTPKDQINVLDLMQIPAHT Majority
    ---------+---------+---------+---------+---------+---------+
1   ...P.............................T....................T.... Akesu-58-vp1
1   ...P....V................H.........A................... Akesu/58-vp1(GenBank)
1   ............T..........I...........M........QN...I.......S.. 01K-vp1
1   ...T...................................................T.... OHK99-vp1
1   ...............................SA........K..E.V............ Taiwan97-vp1

    LVGALLRTATYYFSDLEVAVKHEGDLTWVPNGAPETALDNTTNPTAYHKAPLTRLALPYT Majority
    ---------+---------+---------+---------+---------+---------+
71  .............A..........N.A................................ Akesu-58-vp1
71  .......A........L...............E..N................... Akesu/58-vp1(GenBank)
71  ........AS........I.................K....................... 01K-vp1
71  .............A..........N................................... OHK99-vp1
71  .................L..............................E.......... Taiwan97-vp1

    APHRVLATVYNGSCKYGXSPVTNVRGDLQVLAQKAARTLPTSFNYGAIKATRVTELLYRM Majority
    ---------+---------+---------+---------+---------+---------+
131 .............N....VG..................S..................... Akesu-58-vp1
131 .............R.SN.N.S..S..........A.................... Akesu/58-vp1(GenBank)
131 .............E.R.NRNA.P.L..........V........................ 01K-vp1
131 .............N....E......................................... OHK99-vp1
131 ..............S...DTSTN............E........F.............. Taiwan97-vp1

    KRAETYCPRPLLAIHPSEARHKQKIVAPAKQLL                            Majority
    ---------+---------+---------+---
191 ............................E....                            Akesu-58-vp1
191 .................................                            Akesu/58-vp1(GenBank)
191 ................T...........V..T.                            01K-vp1
191 ............................V....                            OHK99-vp1
191 ..............Q..D....R..........                            Taiwan97-vp1
```